高发光性能贵金属纳米簇的制备方法及相关分子机理

王建军 刘 姣 徐 亮 著

黑龙江大学出版社
HEILONGJIANG UNIVERSITY PRESS
哈尔滨

图书在版编目（CIP）数据

　高发光性能贵金属纳米簇的制备方法及相关分子机理／
王建军，刘姣，徐亮著 . -- 哈尔滨：黑龙江大学出版社，
2023.6（2025.4 重印）
　ISBN 978-7-5686-0958-6

　Ⅰ．①高… Ⅱ．①王… ②刘… ③徐… Ⅲ．①贵金属
－纳米材料－研究 Ⅳ．① TB383

中国国家版本馆 CIP 数据核字（2023）第 046090 号

高发光性能贵金属纳米簇的制备方法及相关分子机理
GAO FAGUANG XINGNENG GUIJINSHU NAMICU DE ZHIBEI FANGFA JI XIANGGUAN FENZI JILI
王建军　刘　姣　徐　亮　著

责任编辑　李　卉
出版发行　黑龙江大学出版社
地　　址　哈尔滨市南岗区学府三道街 36 号
印　　刷　三河市金兆印刷装订有限公司
开　　本　720 毫米 ×1000 毫米　1/16
印　　张　15.75
字　　数　250 千
版　　次　2023 年 6 月第 1 版
印　　次　2025 年 4 月第 2 次印刷
书　　号　ISBN 978-7-5686-0958-6
定　　价　64.80 元

前　言

　　金属纳米簇(NC)是零维纳米材料的一种,其仅由几个或几十个金属原子组成,且可比拟费米电子波长（即费米面附近的德布罗意波长）大小。金属纳米簇是一种配合物,其表面配体可以是有机小分子、高聚物、蛋白质、生物肽等,不同配体可以直接影响金属纳米簇的性能。由于金属原子中的电子被限制在分子尺寸和离散能级中,因此金属纳米簇具有独特的光学和电学性能,如强光致发光性能、高催化性能、良好的生物相容性等,从而在纳米材料领域受到广泛的关注。近年来,基于金纳米簇(AuNC)的优异特性,其在生物传感、成像方面成功取代了量子点和有机发色基团,成为新型荧光分子。金纳米簇的应用从早期的体外检测发展到如今的细胞内检测、体内靶向成像,可见其在多功能生物传感方面至关重要。

　　近年来,金属纳米簇的相关理论得到了完善,制备技术越来越成熟,人们针对其劣势提出了很多改进方法。因此,本书总结归纳了近年来金属纳米簇的相关研究,其中包括笔者近年来的部分研究成果,为广大学者提供了一些具有参考价值的内容。

　　本书共6章。第1章主要从金属纳米簇的定义、性能、发光机制、制备方法以及应用等方面介绍其国内外研究现状;第2章对以单磷酸腺苷为配体的金纳米簇的发光机制进行阐述;第3章阐述了金纳米簇对乳酸脱氢酶含量的检测;第4章对所制备的金银合金纳米簇的光敏性能进行了研究;第5章基于AIEE效应构筑了金银合金纳米簇和聚乙烯亚胺组装体,并揭示其性能机理;第6章研究了高压诱导金纳米簇荧光强度的变化。

　　全书由王建军统稿,具体分工如下:第1章、第3章和辅文由王建军撰写,共10.7万字;第4章和第6章由徐亮撰写,共6.3万字;第2章和第5章由刘姣撰写,共 6.8 万字。

　　鉴于笔者对学科的掌握程度、理解深度、知识水平、概括能力等方面的局限,创作过程中难免出现一些不足之处,恳求业内行家、广大读者批评指正。

笔者

2022 年 5 月

目　录

第1章 绪论

1.1 纳米材料

纳米技术是材料科学中重要的发展动向之一。近年来,纳米材料(nanoma-terial)优异的性能及生物学应用前景,使其受到了广泛的关注。纳米材料又称纳米结构材料,是一种由纳米尺寸范围的线、片或颗粒组成的人工或天然材料;其中,50%以上的颗粒是由一个或者多个三维尺寸(长、宽、高)在 1~100 nm 之间的小颗粒组成的。此外,纳米材料包括三维尺寸均在纳米级的颗粒和具有多孔的纳米尺寸的材料,如分散在多孔基质内的具有纳米尺寸的金属簇。与体相材料相比,其在物理性质和化学性质上均具有显著的优势,如独特的电、光、磁、热及催化等特性,这主要取决于其小尺寸效应、表面效应及量子隧穿效应。按几何结构分,纳米材料可分为三维纳米材料(纳米块体)、二维纳米材料(纳米薄膜)、一维纳米材料(纳米纤维)及零维纳米材料(纳米簇、纳米粒子);按来源分,纳米材料可分为天然材料和人工材料;按化学性质分,纳米材料可分为无机材料、有机材料和混合材料;按均匀性分,纳米材料可分为单一材料和混合材料等。因此,在纳米材料这一新兴领域中的研究内容主要集中在材料设计、制备方法、表征技术及相关应用四个方面。

纳米材料在不同领域的应用已有诸多报道。纳米材料较高的比表面积使检测限的提高和控制装置的小型化成为可能;纳米材料的易分离和易浓缩的优点在很多分析过程中发挥着重要作用,如能够提高分析物的浓度和去除干扰物质等;纳米材料表面易被功能化,可以与部分化学基团相互作用以增加对靶标化合物的亲和力,从而能够从复杂基质(如生物样品和环境)中选择性地提取靶标化合物。同时,在生物体中纳米材料也促进了新一代成像应用的发展,如纳米金属颗粒因具有散射光能力,已被用作参比物添加到光学相干断层扫描(OCT)中。

1.2　金属纳米簇

1.2.1　金属纳米簇简介

金属纳米簇是零维纳米材料的一种,仅由几个或几十个金属原子组成,可比拟费米波长(即费米面附近的德布罗意波长)的大小,从而其在纳米材料领域受到广泛的关注。金属原子中的电子被限制在分子尺寸和离散能级,使金属纳米簇具有独特的光学性能和电学性能,如强光致发光及高催化性能等。此外,由于其表面原子的数量和电子结构是影响纳米簇尺寸的直接因素,所以金属纳米簇的多数属性可以通过改变金属核心尺寸的大小来调节。例如,通过调节金核大小(Au_5、Au_8、Au_{13}、Au_{23} 及 Au_{31}),可以使金纳米簇(AuNC)的荧光发射从紫外区(200 nm)转移到近红外区(>800 nm)。目前,还有很多关于金属纳米簇的催化性能及增强催化活性的研究被报道。例如,Kiely 等人发现由氧化铁保护的仅含有 10 个 Au(0)且直径小于 0.5 nm 的金纳米簇对一氧化碳具有较强的催化性能。除此之外,金属纳米簇在生物标签、化学和生物传感器、电子器件、绿色能源及环境分析等方面也表现出巨大的应用潜力。

20 世纪 60 年代,Cotton 等人定义金属纳米簇是一种新型分子。这是由于除了结合到其他非金属上,金属原子簇的分子种类都是由两个或更多金属原子彼此成键而组成的。此后,各种样式的金属纳米簇(CuNC、AgNC、AuNC、PtNC、PdNC)被陆续报道并逐渐为我们所知。在过去几十年里,人们已经能够很容易地通过控制金属纳米簇的结构使其性能得到大幅度提高。但在早期的纳米材料研究中,由于合成条件的局限性和表征手段的匮乏,无法分辨尺寸在 2 nm 以下的颗粒。因此,在不同文献中尺寸在 1～100 nm 之间的材料都被笼统地称为纳米簇、纳米晶或纳米粒子。随着纳米合成方法的完善及电子表征技术的进步,如今人们已经可以成功捕获到尺寸小于 2 nm 甚至是 1 nm 的纳米粒子。粒径大于 2 nm(<100 nm)的纳米材料被称为纳米粒子;粒径小于 2 nm 的纳米材料被称为纳米簇;而粒径为 1~10 nm 的纳米材料被称为亚纳米簇。图 1-1 为不同尺寸 AuNC 的三维结构图。金属纳米簇的空间结构、尺寸只与金属核心的数目以及其他杂原子的数目正相关,而掺杂了其他粒径的纳米簇,其整体核心尺寸不变,但金属与金属之间的距离变小,所以尺寸仍小于 2 nm,仍然属于金属纳米簇范围。实际上,由于金属纳米簇粒径太小,在合成及应用方面要比纳米粒子面临更多的挑战。然而,其较小的尺寸效应使金属纳米簇具有不同于纳米颗粒的独特性质,如发光性能。

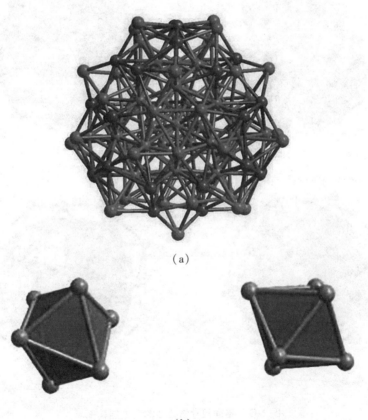

(a)

(b)

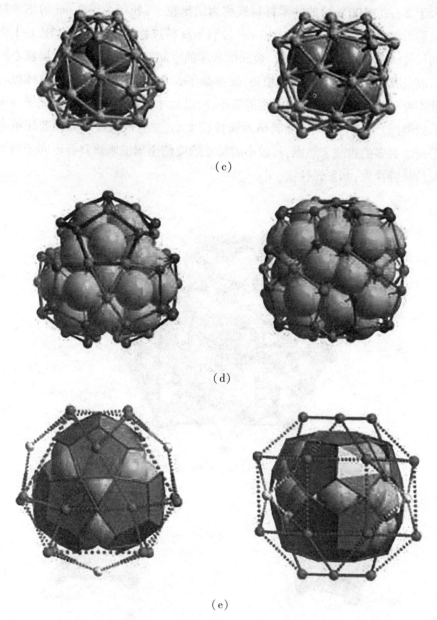

（c）

（d）

（e）

图 1-1　不同尺寸 AuNC 的三维结构图

（a）$Au_{80}Ag_{30}$ 的整体核心结构；（b）Au_6 核体结构；（c）$Au_6@Au_{35}$ 壳体结构；

（d）$Au_6@Au_{35}@Ag_{30}Au_{18}$ 外壳及 M_{10} 三维结构；（e）$Au_6@Au_{35}@Ag_{30}Au_{18}@Au_{21}$ 壳体结构

关于控制金属纳米粒子的尺寸及形状的合成方案已有很多报道,其合成方法也已逐渐趋于成熟。通过暴露不同的晶格面及提供不同数量的活性位点,可有效控制金属纳米粒子的结构特征(包括形状、尺寸和组成)。例如,Sun 等人使用电化学方法合成出了具有二十四面体构型{730}晶面的铂、钯纳米粒子,并发现这种纳米粒子表面附近的原子密度很高,从而显示出优异的催化活性。然而,由于金属纳米簇的金属核心仅由数量有限的金属原子构成,所以没有办法控制其形状。总而言之,金属纳米簇的性质主要是通过控制金属核尺寸及利用不同配体保护来操作。已有文献报道,金属纳米簇的尺寸对其光学及催化性能都有很大的影响,这主要是因为随着金属原子核心尺寸的减小,其表面原子数会迅速增加。例如,金属簇 M_{55} 表面原子数占 76%,而金属簇 M_{13} 的表面原子数增加到 92%。表面原子百分数直接影响金属簇的性质。需要强调的是,与尺寸稍大的纳米粒子不同,对金属纳米簇核心的有效控制目前仍面临很大的挑战。此外,由于保护分子与金属核心原子的强相互作用,合成的金属纳米簇具有良好的稳定性。例如,基于硫醇基团与金属表面的强亲和力,各种巯基衍生物可作为使金属纳米簇表面钝化的配体。总之,金属纳米簇的光、电及催化等性能主要依赖于纳米簇的大小、组成、形态及表面特性;与此同时,实验中所用到的各种表征技术,如透射电子显微镜、X 射线光电子能谱及质谱联用仪等为纳米材料的进一步开发和应用提供了有效的技术手段。

1.2.2　金属纳米簇的合成方法

1.2.2.1　两相合成法

1994 年,Brust 等人通过一种简单高效的方法合成了金属纳米簇,此方法被命名为 Brust-Schiffrin 方法, 即两相合成法。自此以后,Brust-Schiffrin 方法就被广泛地应用于纳米技术和纳米科学的各个领域。Brust-Schiffrin 方法也在不断被改进和完善,而且已有两种形式被广泛应用,分别为原来的水/有机溶剂(主要是甲苯)两相体系和改进后的单相系统。在两相合成法中,金属离子首先被溶解于水溶液中,然后通过相转移试剂(如四辛基溴化铵)被转移到有机溶剂中。随后,把保护配体和还原剂加入到有机相中使之反应后形成金属纳米簇。

简言之,两相合成法包含两个过程:金属离子相转移和金属离子的还原。两个反应过程具体如下:

$$AuCl_4^- (aq) + N(C_8H_{17})_4(toluene) \longrightarrow$$
$$N(C_8H_{17})_4 + AuCl_4^-(toluene) \tag{1}$$
$$mAuCl_4^-(toluene) + nC_{12}H_{25}SH(toluene) + 3me^- \longrightarrow$$
$$4mCl^-(aq) + (Au_m)(C_{12}H_{25}SH)_n(toluene) \tag{2}$$

通过上述方法,已经成功地合成了不同金核尺寸的 AuNC 及其他金属如 Pt、Ag 和 Cu 等纳米簇。Nienhaus 等人以四羟甲基氯化磷(THPC)为还原剂成功地制备了 AuNC。这种由硫醇盐保护的 AuNC 在 610 nm 显示出很强的荧光发射峰,而且在 pH 值为 5~9 的溶液中非常稳定,使其在细胞成像应用中成为良好的荧光纳米探针。2002 年,Negishi 等人通过改进的单相合成法成功合成了核心尺寸约为 1 nm 的 PdNC。他们将氯化钯加入到含有正烷烃硫醇的甲苯溶液中,这个反应不需要加入还原剂,烷烃硫醇既为还原剂又为保护配体。与 Negishi 报道的方法相似,Yang 等人成功合成了亲水性、单分散、发蓝绿光的 $Au_{10}NC$。如图 1-2 所示,组氨酸在合成过程中既是还原剂又是金纳米簇的保护配体。

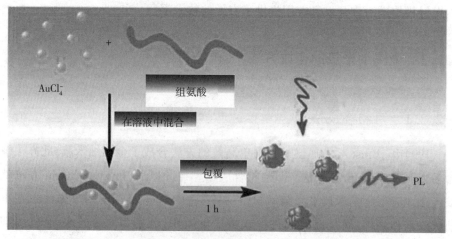

图 1-2　以组氨酸作为还原剂和保护配体的金纳米团簇的形成示意图

1.2.2.2 模板法

模板法也是制备发光金属纳米簇非常有效的合成技术之一,其中聚电解质、聚合物、树枝状聚合物、蛋白质及 DNA 都被用作合成纳米簇的模板。为了使合成的金属纳米簇具有理想的形貌及可控的核心尺寸,人们采用各种类型的模板构造不同的空间立体结构。与其他合成方法不同,模板法可以为纳米簇的形成提供预先设定好的环境,这有利于制备具有可控尺寸及形貌的纳米簇。自从 Crooks 等人以聚酰胺-胺(PAMAM)树枝状大分子作为模板合成出铜纳米簇(CuNC)之后,模板法在 Au、Ag 及其他过渡金属纳米簇的合成中引起了相当大的关注。在 CuNC 的合成过程中,首先将 $CuSO_4$ 与 PAMAM 共同溶解在溶液中使 Cu(II)可以进入到 PAMAM 结构的内部,再用 5 倍的 $NaBH_4$ 还原装载在第四代树枝状大分子上。由于在与叔胺结合过程中 H(I)与 Cu(II)相互竞争,所以调节溶液的 pH 值尤其重要。基于金属离子的螯合能力,树枝状大分子通常被用作模板,使金属纳米簇溶解在水中后更难聚集进而稳定。Dickson 等人使用 PAMAM 树枝状大分子作模板,制备了仅由 3~8 个银原子组成的发荧光的AgNC,如图 1-3 所示。

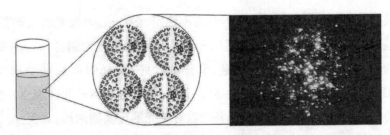

图 1-3　银纳米团簇的形成示意图

PAMAM 树枝状分子的核-壳结构为金属纳米簇的合成及稳固提供了理想的模板。其内部核中叔胺可以与金属离子形成配位化合物,外壳可以防止合成后的金属纳米簇聚集成纳米颗粒。此外,Dickson 等人基于银离子与 DNA 上的碱基之间的强亲和力,利用直链 DNA 模板合成了发荧光的 AgNC,如图 1-4 所示。在合成过程中,当 Ag(I)与 DNA 混合溶液的温度降至 0 ℃后,加入少量 $NaBH_4$ 可使 Ag(I)还原成金属纳米簇。

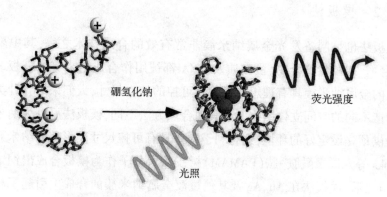

图1-4　银纳米团簇的形成示意图

　　综上所述,模板法制备发荧光的金属纳米簇具有操作简单、粒径易控制、产品稳定、难聚集和潜在的生物相容性等优点。此外,当所制备的金属纳米簇被用作催化剂时,由于在纳米簇周围没有配体,模板中的纳米簇不存在位阻效应,从而增大了其活性表面。

1.2.2.3　刻蚀法

　　最初的刻蚀法制备的纳米材料具有不稳定、多分散、不发光的缺点,因此它们只适用于纳米粒子的制备,不适用于更小尺寸纳米簇的制备。Yuan等人利用新的配体刻蚀法制备出了稳定、单分散性好、荧光强度高的金属纳米簇(AuNC、AgNC、PtNC、CuNC)(图1-5)。首先,加入金属离子和亲水性谷胱甘肽(GSH)配体,通过传统的刻蚀法制备出没有荧光的金属纳米簇;其次,向其中加入十六烷基三甲基溴化铵(CTAB);最后,由于只有在纳米簇的疏水表面GSH中带负电荷的羧基($COOH^-$)和带正电荷的CTA^+才会发生静电相互作用,所以把该溶液转移到有机相(甲苯)中进行反应。在甲苯相中,发生温和的刻蚀反应且产生的金属纳米簇具有很强的荧光。此外,再加入盐除去疏水阳离子CTA^+后,荧光纳米簇可以很容易地被转移到水相中。这项工作为金属纳米簇的合成提供了一条路线,即通过刻蚀法或表面功能化可以改变金属纳米簇的光学性质(发荧光或不发荧光)和表面性质(脂溶性或水溶性)。

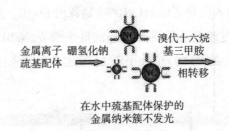

在水中巯基配体保护的
金属纳米簇不发光

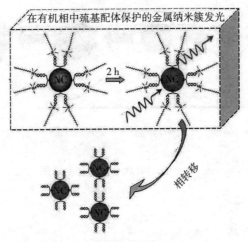

图 1-5　通过相转移循环(水-有机-水)合成高荧光强度金属纳米簇

(AuNC、AgNC、PtNC、CuNC)过程的示意图

1.2.2.4　微乳液法

　　微乳液法也是制备纳米材料比较成熟的方法之一,即在表面活性剂的作用下使两种互不相溶的溶剂先形成乳液,在微泡中经过成核、聚集等过程,热处理后得到纳米粒子或纳米簇。我们可以通过调节微乳液的核心尺寸控制纳米簇的尺寸,最终形成均匀的金属纳米簇。通过这种方法合成的金属纳米簇已多见报道,其具有界面性好、单分散性好及粒径分布窄等优点。Vazquez 等人通过微乳液法制备了一系列具有不同核心尺寸的 Cu_nNC ($n \leqslant 13$)。在传统微乳液法中,首先把高纯度的十二烷基硫酸钠(SDS,作为表面活性剂)、异戊醇(作为辅助表面活性剂)、环己烷(作为油相)和硫酸铜溶液(作为水相)混合形成微乳液系统;然后将适量新制备的 $NaBH_4$ 水溶液(2%)逐滴加入微乳液中;最后在惰性

气体保护下,通过加入少量还原剂(<10%)制备出 CuNC。如图 1-6 所示,CuNC 的核心尺寸可以通过改变还原剂 $NaBH_4$ 的量来调节,$NaBH_4$ 越多,其尺寸越大,且只有当 CuNC 核心的 Cu(0)个数小于 13 时才具有荧光性能。

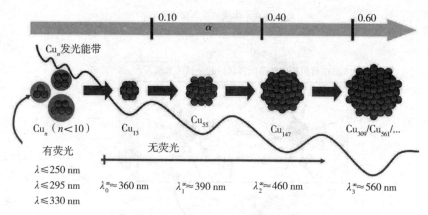

图 1-6 Cu_nNC 大小的演化示意图

1.2.2.5 电化学法

除了上述方法之外,电化学法也被广泛应用于金属纳米簇的制备中。正是基于电化学法的简单性和通用性,人们期望制备出具有不同形状和尺寸的纳米簇。1994 年,Reetz 等人首次使用电化学法制备出了金属纳米簇。牺牲阳极用作金属源,并且所产生的金属离子在阴极被还原;在电解质溶液中,加入表面稳定剂后产生金属纳米簇。电化学法在制备金属纳米簇中具有反应温度低、产量大、初始材料易得等优点,同时还可以通过调节电压、电流以及稳定剂和电解质的浓度等来控制金属纳米簇的尺寸。基于此方法,Vilar 等人利用改进的电化学法在水溶液中合成了具有荧光性能的 Cu_nNC($n \leqslant 14$)。在传统的合成中,电解期间四丁基硝酸铵作为稳定剂,铜阳极产生的 Cu(Ⅱ)被还原进而在阴极产生金属纳米簇。这种方法制备的 CuNC 具有较高能量带隙、较强光致发光性能,并且可溶于不同的溶剂中,更重要的是,这种金属纳米簇非常稳定,甚至可以储存几年。Gonzalez 等人通过电化学法制备了仅含有 2~3 个原子的核心结构的 AuNC。他们将牺牲金片作为阳极,将具有相同尺寸的铜片作为阴极,阳极金片溶解产生的金离子在电解质中与聚乙烯吡咯烷酮(PVP)配位,随后在阴极还原成稳定的 AuNC。此外,Gonzalez 等人还研究了实验条件对 AuNC 核尺寸的影响。他们发现反应时间和温度是影响核尺寸的关键。例如,当反应温度为室温 (25+0.1)℃ 时,会形成小于 3 个原子的核心结构的 Au_nNC ($n \leqslant 3$);然而在 50 ℃ 时,会形成 2~13 个原子的核心结构的 AuNC;同时,如果反应时间从 300 s 延长到 600 s,会制备出大颗粒的 AuNC,而不是发光的 AuNC。

1.2.2.6 微波辅助法

微波辅助法由于具有高效和绿色等优点,已被广泛应用于有机合成中。微波辐射可以快速且均匀地加热,有利于制备粒径均匀且单分散好的金属纳米簇。Liu 等人通过微波辅助法合成了具有高亮荧光的 AgNC,在微波照射下将 $AgNO_3$ 和聚甲基丙烯酸钠的混合溶液反应 70 s。利用微波辅助法制备出水溶性的 AgNC,其具有较强的荧光发射并且可以用作检测 Cr^{3+} 的新型高灵敏度和高选择性的荧光探针。Kawasaki 等人通过微波辅助多元醇的合成方法,不需要额外的保护剂和还原剂,合成了有荧光的 CuNC。这些报道说明微波辅助过程中无须额外的保护剂就可以合成金属纳米簇。

1.2.3 单金属纳米簇(金纳米簇)

金纳米簇(AuNC)是指一种包含了几个至几百个 Au 原子的分子物质,其尺寸小于电子能量量化的临界尺寸。根据自由电子模型的分析,金的临界尺寸约为 2 nm。AuNC 作为金原子和纳米颗粒之间的桥梁,受到了越来越多的关注。1987 年,Marcus 和 Schwentner 首次观察到了来源于 Au_2(Ⅱ)簇嵌入到惰性气体基质中的光致发光,其利用高能量 Ar(Ⅰ)离子束(10 mA, 20 keV)溅射 Au 靶点而获得。随后,Harbich 等人使用类似的方法制备了 Au_2(Ⅰ)和 Au_3(Ⅰ)的纳米簇,并对它们的光致发光性质进行了测试。虽然在纳米簇的尺寸和发射波长之间没有建立定量关系,但是它们的测量值显示出其尺寸大小决定了金纳米簇的光致发光位置。此外,因为惰性气体基质对金纳米簇的光致发光的影响几乎可以忽略,所以这个系统特别适合于探索金纳米簇的光学性能与电子结构之间的相关性。当时这种金纳米簇还难以大量制备,利用此方法制备金纳米簇以期进一步探索其应用的设想受到了限制。然而,溶液相合成法突破了金纳米簇制备上的局限。此后,溶液相合成法成为合成金纳米簇的主要方法。与前种方法相反,溶液相合成法制备的金纳米簇表面被配体分子保护。虽然 Au 被泛称为惰性金属,但是其仍是配位化学中常见的元素。Au 与有机化合物(如膦、胺及硫醇)中 P、N 及 S 元素具有较强的结合能力,可以形成共价键,进而使这些有机分子修饰在金纳米簇表面,因此,这些化合物被广泛用作溶液相合成法制备金纳米簇的保护配体。目前已报道的方案有很多种,但大致可以分为"自下而上"和"自上而下"两种方法。在"自下而上"方法中,金纳米簇由原子物质形成。在早期研究中,膦类化合物是典型的金纳米簇的保护配体,已有一系列由膦保护的金纳米簇被报道,如 $Au_{11}(PR_3)_7Cl_3$、$Au_{101}(PPh_3)_{21}Cl_5$、$[Au_{13}(PR_3)_{10}Cl_2]^{3+}$、$[Au_{39}(PR_3)_{14}Cl_6]^{2+}$ 及 $Au_{55}(PR_3)_{12}Cl_6$ 等。与膦类化合物相比,在硫醇化合物中 Au 和 S 之间的相互作用更强,使硫醇化合物在金纳米簇的合成过程中可以更好地覆盖在 Au 表面。基于此,关于硫醇化合物保护在金纳米簇表面的报道逐渐增多。图 1-7 为利用典型的"自下而上"和"自上而下"方法在硫醇化合物作为保护配体情况下合成金纳米簇的示意图。

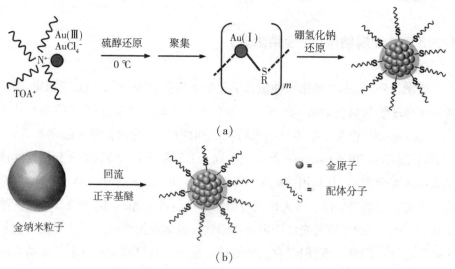

(a)

(b)

图 1-7　两种典型的金纳米簇合成方法的示意图

(a)自下而上;(b)自上而下

在此过程中,硫醇还被用作还原剂将氧化态的 Au(Ⅲ)还原为 Au(Ⅰ),此后再加入强还原剂 NaBH$_4$,将 Au(Ⅰ)进一步还原为 Au(0)。Murray 等人利用芳烃硫醇作为保护配体制备了金纳米簇。利用多种表征手段确认该金纳米簇的分子组成为 Au$_{38}$(arenethiol)$_{24}$。随后,Whetten 等人使用苯硫醇(SPH)作为保护配体合成了与 Murray 等人合成的相对分子质量不同的金纳米簇,并通过电喷雾电离(ESI)质谱对其组分进行了矫正,最后得出其分子组成为 Au$_{44}$(SPH)$_{28}$。

质谱已被广泛应用于金纳米簇组分的确定,其中包括电喷雾电离质谱和基质辅助激光解析飞行时间(MALDI-TOF)质谱。此外,为了确定 AuNC 的结构,必须应用到 XRD 技术。但对于此项分析,样品必须保证纯度极高以利于从金纳米簇长成单晶。因此,金纳米簇粒径的均匀性是关键。Jin 等人在改进金纳米簇的均匀性方面取得了显著的进步,他们通过降低反应温度使 Au(Ⅰ)-SR 聚合物中间体的形成更容易控制,这对形成金纳米簇至关重要,且产品纯度也大大提升,Au 的转化率提高到 50%。

Kornberg 等人制备了 Au$_{102}$(p-MBA)$_{44}$ 单晶,通过 XRD 获得了金纳米簇第一个晶体结构。Au$_{102}$(p-MBA)$_{44}$ 具有核-壳结构特征;其核心由插入 Marks 十面体(MD)中 49 个 Au(0)组成;还有另外两个具有 D_{5h} 对称性的 Au$_{15}$ 覆盖在 Au$_{49}$ 的 MD 表面的菱形二十面体,形成 Au$_{79}$ 核;在 Au$_{79}$ 核内有 19 个 S-Au-S 单元和 2 个 S-Au-S-Au-S 单元,金纳米簇最终形成 C_2 对称结构。

制备金纳米簇通常涉及两个主要步骤:以常见的硫醇化合物或柠檬酸保护的金纳米粒子作为原料,将金纳米粒子分散在溶液中,然后回流分解成金纳米簇。有文献报道通过这种方法成功制备了 Au$_{25}$(SR)$_{18}$ 纳米簇,如图 1-8 所示。该纳米簇形成的核-壳结构有利于减少电子跃迁产生的非弛豫现象,加上金属到金属的电荷转移,对于新型高发光性能金属纳米簇的设计以及尺寸效应、荧光量子产率的研究具有一定的理论基础。Chen 等人系统地对"自上而下"方法进行了研究并提出了相关原理。首先,由于 Au 和 S 之间的强结合能力,金纳米颗粒表面上的柠檬酸盐被硫醇取代。其次,超声或者搅拌使纳米颗粒上最外层的原子分散开。再次,分散的 Au 原子重新排列成稳定的簇。最后,金纳米簇从纳米颗粒的表面释放到溶液中形成由硫醇保护的金纳米簇。在这一反应过程中,金纳米粒子逐渐消失,金纳米簇逐渐形成。Nie 等人通过配体诱导刻蚀技术制备了具有超强荧光和水溶性的 AuNC。他们将金纳米粒子分散在含有聚乙烯亚胺(PEI)的水溶液中,刻蚀后发现上清液中含有 AuNC 且在紫外光照射下发绿光,其 ESI 质谱显示 AuNC 由 Au_8 组成。

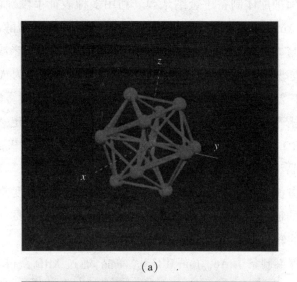

(a)

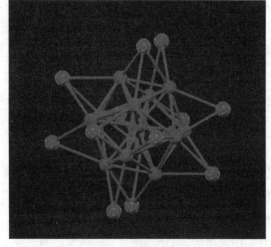

(b)

(c)

图 1-8　Au$_{25}$(SR)$_{18}$ 纳米簇的晶体结构

(a) 核心由 13 个金原子组成;(b) Au$_{13}$ 核加上包含 12 个 Au 原子的壳;

(c) 整个 Au$_{25}$ 簇由 18 个硫酸盐配体保护

　　尽管已有很多文献报道了由烷烃硫醇作为配体分子合成 AuNC 的方法,然而所得到的这些 AuNC 要么水溶性差,要么生物相容性差,这就严重地限制了它们在生物医学中的应用。为了解决这个问题,一些天然生物分子(如氨基酸、肽、蛋白质及 DNA 分子)被直接用作 AuNC 的保护配体,且这种方法或多或少与合成 AgNC 类似。基于 ESI 质谱,Whetten 等人制备出组分为 Au$_{28}$(SG)$_{16}$ 的 AuNC,但是后来 Tsukuda 等人对 Whetten 等人的结果进行了矫正,得到其组分应为 Au$_{25}$(SG)$_{18}$。牛血清白蛋白(BSA)作为含量最丰富的血清蛋白之一,曾被广泛用于一系列诸如自组装、传感和成像等应用研究中。Ying 等人提出使用 BSA 作为合成 AuNC 的模板,与已报道的 AuNC 制备方法类似。将 Au(Ⅲ)加到 BSA 水溶液中,蛋白质分子与 Au(Ⅲ)发生螯合作用将它们捕获;当 pH = 12 时,BSA 的还原能力增强,进而使捕获的离子逐步被还原产生 Au(0)和 Au(Ⅰ)以形成 AuNC。基于光致发光性能和 Jellium 模型,通过 MALDI-TOF 质谱分析,AuNC@BSA 形成了 Au$_{25}$ 的核结构。由于 BSA 具有优异的生物相容性和丰富的官能团,因此被其保护的 AuNC 在生物医学中的应用非常广泛。然而至今,

AuNC 的应用仍存在一些问题有待解决,例如现在报道的大多数 AuNC 材料都具有较低的荧光量子产率,限制了 AuNC 在生物医学方面的应用,尤其是临床诊断方面。

1.2.4　合金纳米簇

随着纳米材料的发展,单金属纳米簇在催化领域的应用已逐渐成熟。为了进一步提高其催化活性及选择性,可以向纳米体系中引入另一种金属。这种合金纳米簇可以由不同金属的纳米颗粒形成,通过调节两种金属的比例控制合金纳米簇的空间结构,进而可以在更大的范围内选择性地控制其物理性质及光学性质。例如,金银双金属纳米簇(Ag-AuNC)的结构通常与它们的同型金纳米簇或者同型银纳米簇相同。Ag-AuNC 可以被视为具有银纳米簇模板结构,金原子被掺杂到银纳米簇框架中。在这些 Ag-AuNC 中,我们发现银原子与金原子具有一定的数量比,银原子位于纳米簇表面上,Ag-S 修饰在金核周围形成三维立体笼状结构。典型的例子是 $[Au_{12}Ag_{32}(SR)_{30}]^{4-}$ 纳米簇,其结构框架与 $[Ag_{44}(SR)_{30}]^{4-}$ 纳米簇相同,最里面 Ag_{32} 的二十面体被 Au_{12} 的二十面体取代。

Zhu 等人首次报道了最大的双金属纳米簇结构,即具有 70 个金属原子的 $[Ag_{46}Au_{24}(SR)_{32}]^{2+}$ 纳米簇,该双金属纳米簇由双金属 $Ag_2Au_{18}Ag_{20}$ 内核组成,$Ag_{24}Au_6(SR)_{32}$ 的壳作为保护配体且具有手性,如图 1-9 所示。此外,具有催化活性的 $[Ag_{46}Au_{24}(SR)_{32}]^{2+}$ 纳米簇可用于苯乙烯催化反应,而单独的金纳米簇没有这种性质,故与同型的 $Au_n(SR)_m$ 纳米簇相比,$[Ag_{46}Au_{24}(SR)_{32}]^{2+}$ 纳米簇的催化性有了显著的改变。这两种纳米簇的表面组分和结构不同导致其催化性能存在差异。

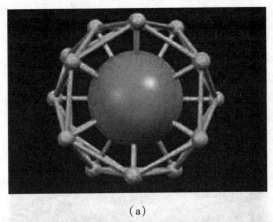

（a）

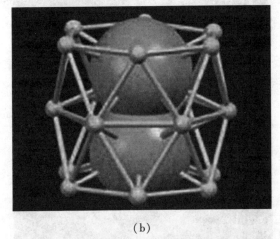

（b）

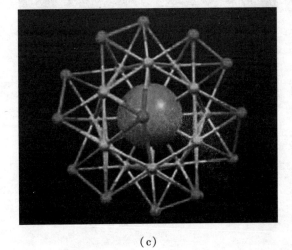

（c）

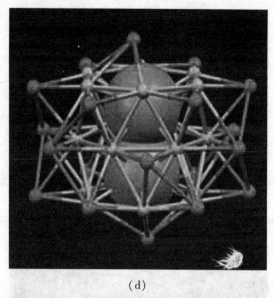

(d)

(e)

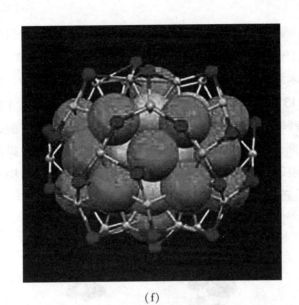

(f)

图 1-9　$[Ag_{46}Au_{24}(SR)_{32}]^{2+}$ 纳米簇的晶体结构

(a) $Ag_2@Au_{18}$ 纳米簇的俯视图；(b) $Ag_2@Au_{18}$ 的侧视图；(c) $Ag_2@Au_{18}@Ag_{20}$ 的俯视图；

(d) $Ag_2@Au_{18}@Ag_{20}$ 的侧视图；(e) $[Ag_{46}Au_{24}(SR)_{32}]^{2+}$ 纳米簇的俯视图；

(f) $[Ag_{46}Au_{24}(SR)_{32}]^{2+}$ 纳米簇的侧视图

　　与此相反，Kumara 等人报道的 $Ag_xAu_{25-x}(SR)_{18}$ 和 $Ag_xAu_{38-x}(SR)_{24}$ 纳米簇，当银原子掺杂到 $Au_n(SR)_m$ 纳米簇中时，掺杂原子倾向于分布在金-硫醇盐界面上而不是在中心。Xiang 等人报道了一种 $Au_{15}Ag_3(SC_6H_{11})_{14}$ 纳米簇，其中 3 个银原子位于 9 个原子构成的六方紧密堆积三层结构的中间层。Molina 等人从理论上详细地分析了硫醇化 $Au_{18-x}Ag_x$ 纳米簇的结构和手性，发现向其中掺杂 4 个以上的银原子可以增强 HOMO（最高占据能级分子轨道）-LUMO（最低未占据能级分子轨道）能隙的波动强度。Li 等人还报道了当向 $Au_{25}(SR)_{18}$ 纳米簇中掺杂银原子时，银掺杂剂只有少数位于纳米簇内部的二十面体核上，多数都处于纳米颗粒的边缘。

　　如图 1-10 所示，有研究者利用硫胺配体和磷烷配体制备了一系列金纳米簇和合金纳米簇，它们都是以 13 个金属原子二十面体作为结构单元并且共享部分顶点，继而产生双二十面体及环状二十面体的结构。在 1980～1990 年间，Mingos 和 Pignolet 就已经报道了许多由膦保护的 Au-M（Ag、Cu、Pt）NC。在纳米簇发光性能方面,Wang 等人向双二十面体结构中掺杂 13 个银原子使棒状的 $[Au_{25}(PPh_3)_{10}(SR)_5Cl_2]^{2+}$ 纳米簇的荧光量子产率提高到 40%,并且这是在已报道的金属纳米簇(通过晶体学表征)中荧光量子产率最高的。只有当掺杂原子的个数达到 13 个以及中心金原子被银原子取代时,纳米簇才会表现出如此高的荧光量子产率。从其晶体结构看出,促成 HOMO- LUMO 能级差的中心位置被银原子占据,所以增大 HOMO-LUMO 能级差是一种有效提高荧光量子产率的办法。这项研究中研究人员不仅获得了具有特征原子结构的高度发光的 Au-AgNC,而且还加深了对双金属纳米簇的发光机制的了解。

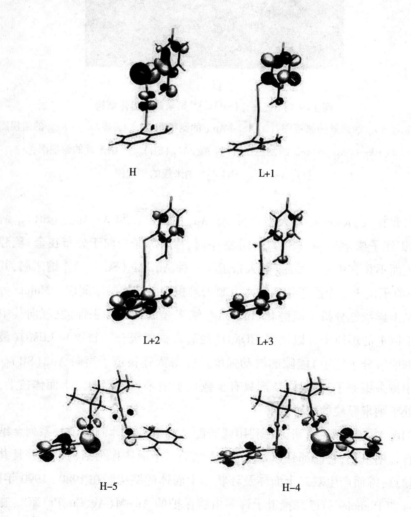

H　　　　　　　　　　L+1

L+2　　　　　　　　　　L+3

H-5　　　　　　　　　　H-4

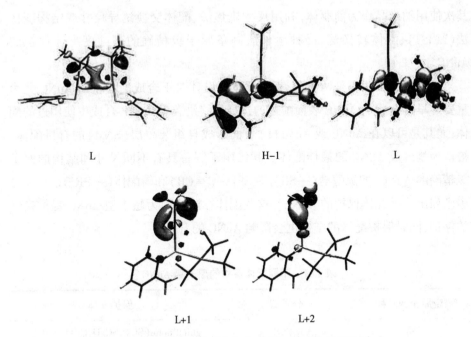

图 1-10 〔Au(2-SC_6H_4NH_2)_2〕、〔{Au(2-SC_6H_4NH_2)}_2〕、
〔(AuPPh_3){Au(C_6F_5)_3}(μ2-2-SC_6H_4NH_2)〕的空间结构

1.3 金纳米簇的配体设计

1.3.1 配体对金纳米簇合成的影响

在过去几十年内,由原子级配体保护金属纳米簇的合成取得了重大进展。由于早期对配体保护 AuNC 的研究通常是针对多分散的金纳米团簇,所以该产品需要利用高分辨率的分离技术进行纯化,如凝胶电泳法、薄层色谱法(TLC)和高效液相色谱法(HPLC)。近年来,随着金属纳米簇化学合成的不断进步,高纯度原子级配体保护的 AuNC 的制备方法已有报道。制备精确的原子级 AuNC 有两种方法,即一步法和两步法。其中,一步法可以直接还原金离子,形成原子级精确的高纯度 AuNC。相比之下,两步法首先制备单分散或多分散的 AuNC;

其次使用纳米晶作为前驱体,利用尺寸聚焦法、配体交换诱导尺寸或结构变换法(LEIST)、配体转换法、晶种生长法制备原子级精确的高纯度配体保护的AuNC。

不管是一步法还是两步法,表面配体的设计对于合成高质量的 AuNC 尤为重要。早期合成的 AuNC 表面配体的选择始终沿袭着 AuNP 合成中使用过的配体,尤其是可以在 AuNP 或 Au(111) 表面形成自组装单层(SAM)的有机配体,被认为是合成 AuNC 的最佳配体。其已用于制备具有不同尺寸和结构的原子级精确的 AuNC,如硫醇盐(—SR)、炔基(—C≡CR)和磷配体(—PR$_3$)。表 1-1 中已列出该类配体保护的 AuNC。这些配体在溶液中为超小型 AuNC 提供良好的保护,同时保护配体的结构也会影响 AuNC 的合成。

表 1-1　不同配体保护的原子级 AuNC

锚定原子或基团	分子式	保护配体
—SR	$Au_{15}(SR)_{13}$	glutathione(SC),SC$_2$H$_4$COOH(MPA)
	$Au_{12}(SR)_{14}$	SG,MPA,cyclohcxanethiolate (S-c-C$_6$H$_{11}$,CHT)
	$Au_{20}(SR)_{16}$	SCH$_2$Ph(Ph:Phenyl),SC$_2$H$_4$Ph(PET), 4-tert-butylbenzenethiolate (SPh-t-Bu,TBBT)
	Au22(SR)16,17,18	SC
	$Au_{24}(SR)_{20}$	SC$_2$H$_4$ Ph,SCH$_2$Ph, SCH$_2$Ph-t-Bu
	$[Au_{25}(SR)_u]^q$ ($q=-1,0,+1$)	GSH,SPh-p-COOH(p-MBA), SC$_n$H$_{2n}$COOH($n=2$、5、7、10) SC$_2$H$_4$Ph,SC$_n$H$_{2n+1}$($n=2$、4、6、8、10、12、14、16、18), SPhNH$_2$,captopril(Capt), and others
	$Au_{24}(SR)_{20}$	TBBT,S-c-C$_6$H$_{11}$
	$Au_{30}(SR)_{13}$	adamantanethiolate(S·Adm),S-t-Bu

续表

锚定原子或基团	分子式	保护配体
—SR	$Au_{36}(SR)_{24}$	TBBT, $S-c-C_5H_9$, SPh
	$Au_{38}(SR)_{24}$	SC_2H_4Ph, SC_nH_{2n+1}
	$Au_{43}(SR)_{24}$	SC_2H_4Ph, $SPh-o-CH_3$ (o-MBT)
	$Au_{44}(SR)_{26}$	TBBT, 2,4-dimethylbenzenethiol (2,4-DMBT), p-MBA
	$Au_{44}(SR)_{32}$	3-MBA
	$Au_{63}(SR)_{44}$	p-MBA
	$Au_{130}(SR)_{50}$	$Sph-p-CH_3$ (p-MBT), SC_nH_{2n+1}, SC_2H_4Ph
	$Au_{133}(SR)_{52}$	TBBT
	$Au_{144}(SR)_{60}$	SC_2H_4Ph, SCH_2Ph, SC_nH_{2n+1}
—PR_3	$[Au_{11}(PR_3)_{10}]^{3+}$	PPh_3
	$[Au_{13}(PR_3)_{10}C_{12}]^{3+}$	$PPh(CH_3)_2$, $Ph_2PCH_2PPh_2$
	$Au_{14}(PR_3)_8(NO_3)_4$	PPh_3
	$[Au_{20}(PR_3)_{10}Cl_4]^{2+}$	bis(2-pyridyl)phenylphosphine($PPhpy_2$)
	$[Au_{20}(PP_3)_4]^{4+}$	tris(2-(diphenylphosphino)ethyl) phosphine(PP_2)
	$[Au_{22}(PPR_3)_{10}]^{3+}$	1,8-bis(diphenylphosphino)octane
	$[Au_{39}(PR_3)_{14}Cl_6]^{2+}$	PPh_3
	$[Au_{33}(PR_3)_{12}Cl_4]$	PPh_3
—$C\equiv CR$	$Au_{22}(-C\equiv CR)_{18}$	$C\equiv C-t-Bu$
	$[Au_{25}(-C\equiv CR)_{15}]^-$	$C\equiv CAr$
	$Au_{16}(-C\equiv CR)_{24}$	$C\equiv CPh$
	$Au_{44}(-C\equiv CR)_{28}$	$C\equiv CPh$
	$Au_{144}(-C\equiv CR)_{60}$	$C\equiv CAr$

1.3.1.1 疏水配体保护的金纳米簇

Brust-Schiffrin 方法已被广泛用于合成疏水配体保护的 AuNC 中。1994 年 Brust-Schiffrin 方法被首次报道,即通过两相合成法制备硫醇盐保护的 AuNP (图 1-11)。采用 Brust-Schiffrin 方法制备硫醇盐保护的 AuNC 方便简捷。

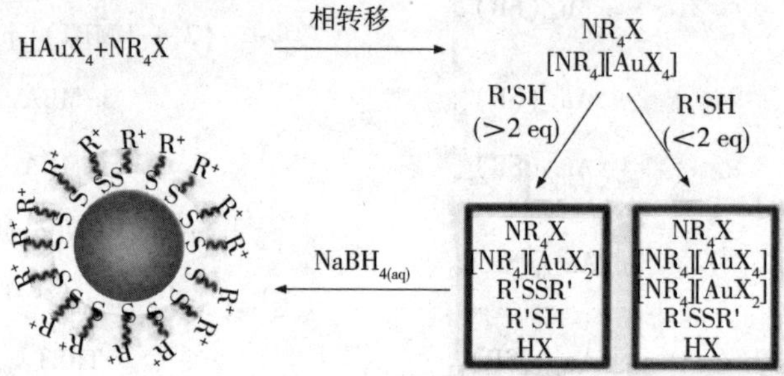

(a)

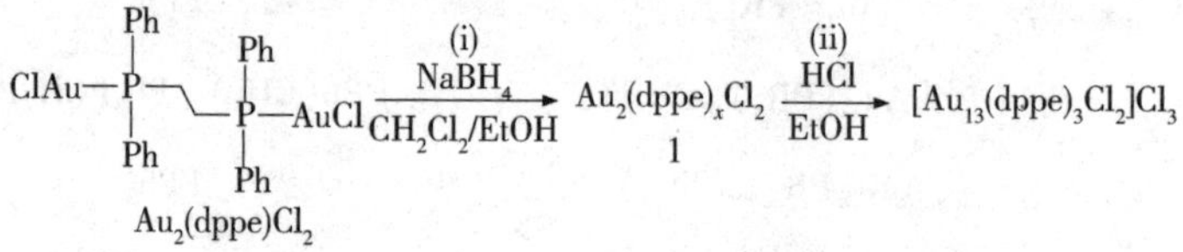

(b)

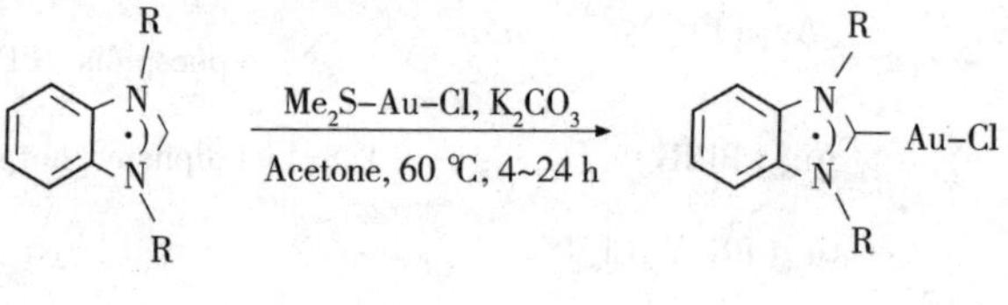

(c)

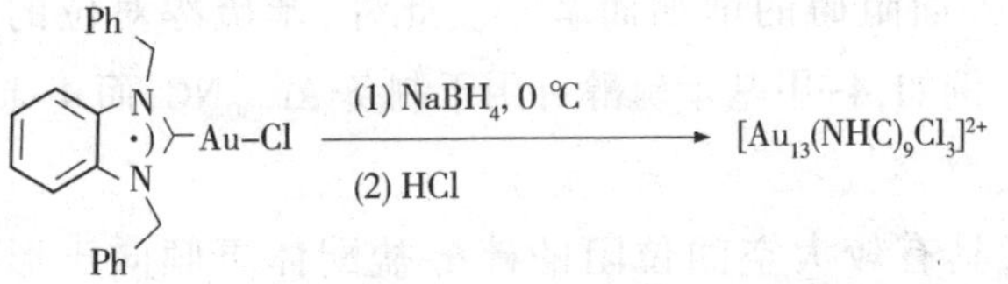

$$[Au_{13}(NHC)_9Cl_3]^{2+}$$

(d)

图 1-11　(a) Brust-Schiffrin 方法合成 AuNP 的示意图;(b) 两步法制备膦保护的 $Au_{13}NC$ 的示意图;(c) NHC-Au-Cl 前驱体的合成;(d) 一步法制备 $[Au_{13}(NHC)_9Cl_3]^{2+}$

　　硫醇盐保护的 AuNC 合成方法是:第一步利用相转移试剂即四辛基溴化铵(TOAB)将水溶液中 Au(Ⅲ)离子转移到有机相中;第二步加入保护配体(疏水配体)和还原剂(硼氢化钠),诱导溶液中 Au^0 的生成,进而促进有机可溶的疏水性配体保护的 AuNC 的形成。随后使用极性溶剂如四氢呋喃和甲醇,在一相内合成 AuNC,使上述方法得以优化。这种方法适用于疏水性配体保护的 AuNC 的合成,如 $Au_{24}(SCH_2Ph)_{20}$、$Au_{44}(TBBT)_{28}$、$Au_{25}(SC_2H_4Ph)_{18}$。反应条件(如温度、搅拌速度)的改变对 AuNC 的纳米尺寸具有调控作用。

　　由于硫醇与 Au 原子具有很强的相互作用,所以硫醇配体除了为 AuNC 的制备提供良好的保护外,还可以用作蚀刻剂来调节 AuNC 的尺寸。硫醇蚀刻可以在高温下进行,这一优点有利于将多分散的 AuNC 转化为具有原子精度的单分散状态。例如,过量的疏水硫醇配体(甲苯)可以用于蚀刻多分散的 $Au_m(SG)_n$ NC,进而形成高纯度的 $Au_{25}(SR)_{18}$、$Au_{38}(SR)_{24}$ 和 $Au_{144}(SR)_{60}$。

　　除了配体交换,硫醇配体的细微变化也会影响 AuNC 的尺寸大小。硫醇配体对 AuNC 尺寸的影响可归因于以下三个因素:α-C 的体积、苯硫醇取代基位置和苯硫醇对位的体积。对于第一个因素(α-C 的体积),AuNC 的尺寸会受到 α-C 类型的影响呈递减趋势:伯硫醇($S-CH_2-R$)<仲硫醇($S-CH-R_2$)<叔硫醇($S-C-R_3$)。例如,将保护配体从 $HS-CH_2CH_4Ph$(Au_{144})更改为 $HSPh$(Au_{99})可形成不同大小的 AuNC。

　　苯硫醇的取代基位置也会对 AuNC 的大小产生影响。例如,对-甲基苯硫醇(p-MBT)、间甲基苯硫醇(m-MBT)和邻甲基苯硫醇(o-MBT)将分别产生 Au_{130}(p-MBT)$_{50}$、Au_{104}(m-MBT)$_{41}$ 和 Au_{40}(o-MBT)$_{24}$,这表明 AuNC 的尺寸随着甲

基对 Au—S 键界面阻碍的增加而减小。此外,苯硫醇对位的体积也会影响 AuNC 的大小。例如,4-甲基苯硫醇可用于制备 $Au_{130}NC$,而 4-叔丁基苯硫醇会形成 $Au_{133}NC$。

综上所述,具有较大空间位阻的硫醇盐配体更倾向于形成较小尺寸的 AuNC。这一结论可以应用到其他贵金属纳米簇,例如 AgNC。

除了硫醇盐配体外,其他有机分子如硒酸盐、膦和炔基也可以用于制备疏水性 AuNC。硒化物属于硫醇化物的同源衍生物,合成硒酸盐保护的 AuNC 有以下两种方法:直接还原配合物 Au(Ⅰ)-SeR 和使用预先形成的 $Au_n(SR)_m$ 前驱体进行配体交换。例如,Au(Ⅰ)-SeR 配合物可以直接被 $NaBH_4$ 还原,形成硒化物保护的 $Au_{25}NC$ 即 $Au_{25}(Se-C_8H_{17})_{18}$。此外,通过优化反应条件(如调节反应物比例和反应温度)在 Au(Ⅲ)溶液中同时滴加 PhSeH 和 $NaBH_4$,可以制备高纯度的 $Au_{25}(SeR)_{18}$。对于配体交换方法,可以将硫醇盐保护的 $Au_{38}NC$ 与某种硒酸盐配体($C_{12}H_{25}Se$)互换,制备 $Au_{38}(Se-C_{12}H_{25})_{24}$。

制备磷化氢保护的 AuNC 是在均匀溶液中将 Au(Ⅰ)-膦配合物还原。在制备膦保护的 AuNC 过程中,不仅需要膦作为保护配体,同时需要一个共保护配体,如卤化物阴离子或硫醇盐配体。这些共保护配体或离子与 Au 原子具有很强的配位作用。因此,膦保护的 AuNC 的分子式可以表示为 $[Au_n(PR_3)_mX_s]^{z+}$(X = Cl、Br、I、CN、SCN、SR 等)。以研究最多的膦保护的 $Au_{11}NC$ 为例,在溶液中利用 $NaBH_4$ 还原 $Au(PAr_3)_3X$ 而形成 $Au_{11}(PAr_3)_7X_3$。由于配体的蚀刻效应也存在于磷化氢体系中,所以可通过尺寸聚焦法进行 AuNC 的合成。例如,利用溶液中游离的 PPh_3 蚀刻 $[Au_9(PPh_3)_8]^{3+}$ 来制备 $[Au_8(PPh_3)_8]^{2+}$。此外,HCl 也可以在磷化氢保护的 AuNC 的合成中用作蚀刻剂。例如,$Au_{13}NC$ 是通过 $NaBH_4$ 还原 $Au_2(PR_n)_2Cl_2$(R = CH_2,n = 2、3、4、5)获得的混合物再进行 HCl 蚀刻来合成的。值得注意的是,这种蚀刻方法不能用于单齿膦保护的 AuNC 的制备,因为所形成的纳米簇在溶液中不稳定,甚至会在强酸性条件下分解。

近年来,由于 NHC 可以为 AuNC 提供良好的保护环境,所以制备 NHC 保护的 AuNC 已成为该领域的热门课题。例如,通过 LEIST 方法合成 NHC 保护的 AuNC,在此合成中膦保护的 $Au_{11}(PPh_3)_7Cl_3$ 和 $[Au_{11}(PPh_3)_8Cl_2]Cl$ 为前驱体,随后与溶液中的 NHC 进行配体交换。也有文献报道直接使用 $NaBH_4$ 还原

NHC-Au(Ⅰ)-Cl 配合物成功合成了高发光的[Au$_{13}$(NHC)$_9$Cl$_3$]$^{2+}$NC。有的科研人员通过将苯乙炔(PhC≡CH)连接到预先形成的 PVP 保护的 AuNC 上成功合成了炔基保护的 AuNC。例如，Au$_n$(PhC≡C)$_m$NC[包括 Au$_{46}$(PhC≡C)$_{24}$、Au$_{52}$(PhC≡C)$_{26}$、Au$_{54}$(PhC≡C)$_{24}$、Au$_{59}$(PhC≡C)$_{27}$、Au$_{71}$(PhC≡C)$_{32}$、Au$_{90}$(PhC≡C)$_{36}$、Au$_{94}$(PhC≡C)$_{38}$、Au$_{101}$(PhC≡C)$_{38}$ 和 Au$_{110}$(PhC≡C)$_{40}$]。近年来，人们已经研究出许多利用一步法合成具有明确尺寸和结构的 Au$_n$(PhC≡C)$_m$NC 的方法。

1.3.1.2 亲水配体保护的金纳米簇

上述疏水配体保护的金纳米簇的合成方法同样适用于合成亲水配体保护的金纳米簇。在用于保护 AuNC 的亲水性配体中，GSH 受到了广泛的关注。例如，一系列 GSH 保护的 Au$_n$NC(n = 15、18、22、25、29、33、39)已成功被合成并纯化，其合成方法不断被改善以期获得高荧光量子产率的 AuNC。其他亲水硫醇配体，如 3-巯基丙酸(MPA)、6-巯基己酸(MHA)、8-巯基辛酸(MOA)、11-巯基十一酸(MUA)、对巯基苯甲酸(p-MBA)、卡托普利(Capt)和半胱氨酸(Cys)也可用于合成尺寸和结构明确的水溶性 AuNC。

在水溶液中，配体的电荷状态对于合成稳定的 AuNC 极为重要。目前，使用带正电荷的硫醇盐配体作为保护配体，在水溶液中制备稳定的 AuNC 仍然具有很大挑战。然而，如果使用带负电荷的硫醇盐配体作为保护配体，则可以很容易地在水中合成稳定的 AuNC。带正电的硫醇盐配体与带负电的硫醇盐配体不同之处在于其阳离子官能团与含有 Au(Ⅰ)的 Au(Ⅰ)SR 配合物的阴离子基团具有较强的电荷作用。这极大地改变了 Au(Ⅰ)SR 配合物的溶解度，从而限制了 AuNC 的生长。

对于亲水硫代配体保护的 AuNC，水是其合成的理想溶剂。在水溶液中，反应溶液的 pH 值是影响硫代盐保护的 AuNC 的还原动力学和纳米粒子生长的一个重要的参数。例如，在 NaOH 介质中利用 NaBH$_4$ 还原法合成了具有明确尺寸和结构的原子级精度 AuNC，水是其合成的理想溶剂，关键因素是反应溶液的 pH 值调控，所以在还原过程中加入一定量的 NaOH 很容易合成亲水硫代配体保护的 AuNC。在水溶液中，加入 NaOH 有两种作用：一是抑制 NaBH$_4$ 的水解速率，二是增加游离硫醇配体在水中的蚀刻能力。除了溶液 pH 值外，很多研究者研究了温度、配体与 Au 的比例对 AuNC 合成的影响。研究表明,反应溶液的温度能够影响 $NaBH_4$ 的还原速率并平衡 AuNC 的尺寸聚焦速率,以及生产原子级精确的 AuNC 的反应时间。

综上所述,在水中对还原动力学和 AuNC 生长的精准控制是合成原子级精确的 AuNC 至关重要的因素。虽然 $NaBH_4$ 被广泛用作还原剂,但 $NaBH_4$ 具有很强的还原能力,致使其还原动力学难以控制。为了解决这一问题,有人提出用一种较温和的还原剂或一种气态还原剂代替 $NaBH_4$ 的方法。如图 1-12 所示,CO 可以为 AuNC 的形成创造一个独特而温和的还原环境,并在水中生成尺寸和结构可控的原子级精确的 AuNC。此外,pH 值也会影响硫醇配体的溶解度以及硫醇的蚀刻能力。一般在碱性条件下可以合成具有羧基的硫醇配体保护的 AuNC,如 MPA、MHA 和 p-MBA。因为去质子化的羧基可以为 AuNC 提供负电荷,AuNC 之间的静电排斥为其在水中提供良好的胶体稳定性。对于体系复杂的亲水硫醇配体,如 GSH,酸性条件下 $NaBH_4$ 还原法也可用于制备独特的 AuNC。如图 1-12(c) 所示,在 pH=11 的溶液中,CO 还原 Au(Ⅰ)-SG 配合物后,可以通过将溶液 pH 值调节至 2.5 来合成发红光的 $Au_{22}(SG)_{18}$。除了小体积的亲水性硫醇配体外,具有硫醇基团的生物分子或其他与 Au 原子配位的基团(如蛋白质、肽和 DNA)也可用于制备 AuNC。例如,用 BSA 合成 AuNC,如图 1-12(d) 所示,成功制备了发红光的 BSA 保护的 AuNC。这种蛋白质保护配体的合成方法简单,可以扩展到其他蛋白质,如蛋白酶、溶菌酶以及其他贵金属,其在生物医学应用中得到了广泛关注。

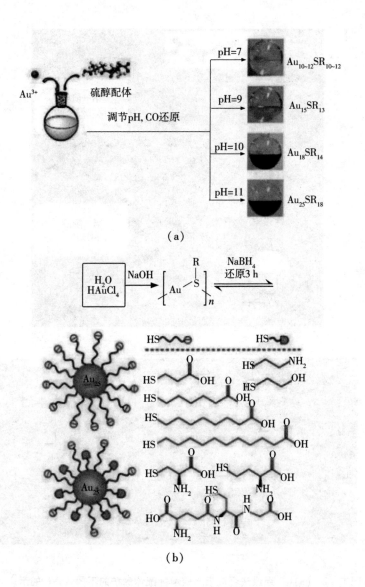

（a）

（b）

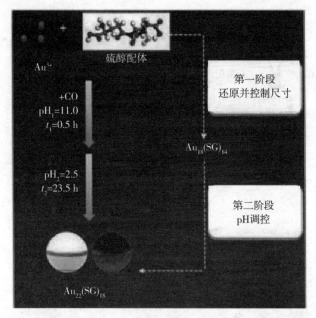

（c）

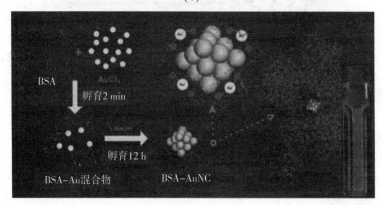

（d）

图 1-12　（a）CO 还原法合成亲水硫醇盐配体保护的不同 AuNC 的示意图；
（b）NaBH$_4$ 还原法合成不同亲水硫醇盐配体保护的原子级精确的 AuNC 的示意图；
（c）CO 还原法合成发红光的 Au$_{22}$(SG)$_{18}$ 的示意图；（d）BSA 保护的发红光的 AuNC 的示意图

1.3.2 配体对金纳米簇结构的影响

1969 年,McPartlin 首次获得了 $Au_{11}(PPh_3)_7(SCN)_3NC$ 的晶体结构,这使 X 射线晶体学成为阐明配体保护的 AuNC 几何结构特征的权威方法。在过去的半个世纪中,已经报道了一百多种配体保护的 AuNC 的结构,大多数配体保护的 AuNC 可被视为核壳结构。配体保护的 AuNC 的核壳结构(包括壳和核结构)由保护配体和与保护配体高度相关的核表面 Au 原子之间的配位决定。此外,与金纳米粒子相比,具有较小尺寸的原子级精确的 NP 可以在不同水平的手性骨架结构中具有分子手性。

1.3.2.1 金纳米簇的表面构型

在配体保护的 AuNC 中,配体的键合方式主要取决于与 Au 原子成键的元素,但即使具有相同的键合元素,有机分子结构不同也会使 AuNC 中存在差异。因此,AuNC 的壳结构高度依赖于配体的整体特性。本书中将配体分为五类,讨论配体和 Au 原子之间的键合模式以及 AuNC 的主要结构:(1)膦和 NHC,(2)硫醇盐、硒醇盐和碲酸盐,(3)α-炔基,(4)卤化物离子(Cl^-、Br^- 和 I^-),(5)其他配体。

如图 1-13(a)~(c)所示,单原子螯合配体、双配位基、四配位基膦化物常被用作合成 AuNC 的配体,如膦酸盐中的四齿膦化物常用来合成 $[Au_{20}(PP_3)_4]^{4+}$。无论其是否为主要的辅助配体,叔膦都会在金纳米晶的内核表面形成 Au—P 键。值得注意的是,双膦和四膦可以在组装模式下覆盖 AuNC 表面,但单膦不能。NHC 及其衍生物在许多方面表现出与叔膦类似的特性,如配位特性。如图 1-13(d)所示,在这些 NC 中 Au 原子和与 N-杂环中的两个 N 原子配位的 C 原子之间形成 Au—C 键。与具有相同几何结构的 $Au-PR_3$ 相比,由于 NHC 具有更强的 σ-供体性质和强碱性,AuNC 在水和空气中具有更高的热稳定性。如图 1-13(e)~(f)所示,与硫醇、硒酸中的 H 原子结合模式不同的是,小分子末端的硫原子和硒原子更倾向于与硫醇盐和硒酸盐保护的 AuNC 中的两个 Au(0)原子结合。由于硫醇盐和硒酸盐保护的 AuNC 具有相似的配位结构,因此以 $Au_n(SR)_m$ 为例介绍其主要结构。硫醇盐以三种结合方式覆盖在

AuNC 的金属核心上:(1)桥接硫醇盐;(2)低聚 $Au_x(SR)_{x+1}$ 钉状基序;(3)封闭的 $Au_x(SR)_x$ 环状结构。在第一种结合方式中,一个硫醇盐配体与金属核最外层的两个 Au 原子成键,金属核起到桥接作用。只有少数类型的 $Au_n(SR)_m$ 含有这种桥接硫醇盐,一些用混合配体保护的 AuNC 没有这种结构。这种桥接硫醇盐优先在面心立方 AuNC 的 Au(100) 表面⟨110⟩方向上加帽,如 $Au_{92}SR_{44}$ 和 $Au_{279}SR_{84}$。对于第二种结合方式,低聚 $Au_x(SR)_{x+1}$ 钉状基序通过两个末端 SR 覆盖在金属内核上,相邻的 SR 通过 Au(I)原子的相互连接呈线性方式(S—Au—S 键角接近 180°)。如图 1-13(g)~(h)所示,这种结构广泛存在于硫醇盐保护的 AuNC 中。对于第三种结合方式,封闭的 $Au_x(SR)_x$ 环状结构通常存在于小的 Au(I)-SR 配合物和小的 AuNC 中,如环状 $Au_8(SR)_8$、大环状 $Au_{20}SR_{16}$、环状 $Au_5(SR)_5$、环状 $Au_6(SR)_6$、链状 $Au_{10}SR_{10}$、链状 $Au_{11}SR_{11}$ 和 $Au_{12}SR_{12}$。众所周知,大多数受硫醇盐配体保护的 AuNC 含有不止一种尺寸的低聚钉状基序 $Au_x(SR)_{x+1}$。如图 1-13(i)~(l)所示,当使用 α-炔基作为保护配体制备 AuNC 时,除了末端 α-C 原子通过与一个、两个或三个 Au 原子键合形成 C—Au 的传统配位方式外,β-C 和 Au 原子之间还存在 Au—C 键。当末端 α-C 原子与一个或三个 Au 原子键合时,炔基将单独覆盖在金属核上,但类似钉状基序;当末端 α-C 原子与两个 Au 原子键合而 β-C 原子与一个 Au 原子键合时,也存在于 AuNC 中。值得注意的是,由于 Au 原子与 α-C 和 β-C 原子的相对位置不同,Au-炔基钉状基序比低聚 $Au_x(SR)_{x+1}$ 钉状基序具有更多的键合模式。最近有一篇综述中讨论了 AuNC 中 Au-炔基的基序结构。

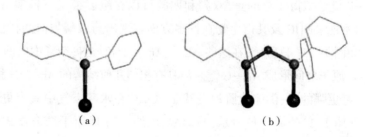

(a)　　　　　　　　(b)

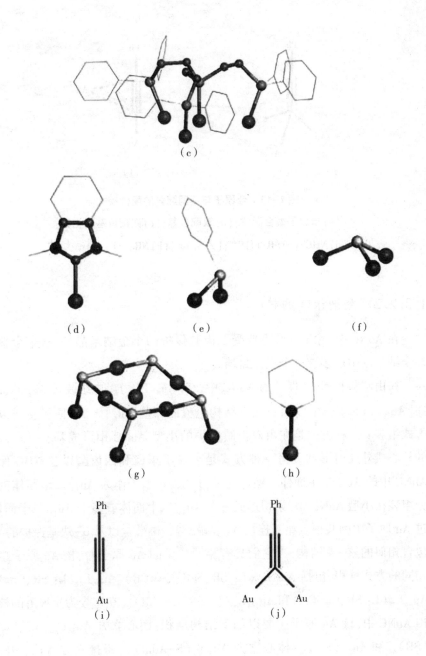

（c）

（d）   （e）   （f）

（g）   （h）

Ph   Ph
||| |||
Au   Au   Au
（i）   （j）

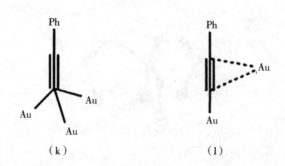

图 1-13　金原子与不同配体的配位模式

(a)单原子螯合配体;(b)双配位基;(c)四配位基膦化物;
(d)NHC;(e)SR;(f)S²⁻;(g)S₄Au₄;(h)NR;(i)~(l)α-炔基

1.3.2.2　金纳米簇的核心

在 AuNC 中,除了一些主要受二齿膦保护的小金纳米晶外,每个金核原子在金纳米簇中最多被一个配体封端。

在由叔膦和 NHC 保护的 AuNC 中,在[Au₆(PR₃)₆]中组装成 Au₆ 八面体并在[Au₃₉(PPh₃)₁₄]中以面心立方结构包覆的那些[Cl₆]²⁺、Au 原子主要以两种方式组装。一种方式是在由双齿膦保护的小型 AuNC 中形成基于 Au₄ 四面体的核心或外几何形状。另一种方式是存在于单齿和四齿膦以及 NHC 保护的 AuNC 中的 Au₁₃ 二十面体。通过这种方式,Au 原子作为 Au₁₃ 二十面体的一部分组装在小型 AuNC 中,累积形成一个 Au₁₃ 二十面体或多个 Au₁₃ 二十面体,通过 Au 原子中的共顶点相互连接 NC。硫醇盐、硒酸盐以及 α-炔基保护的 AuNC 包含相似的核-壳结构,当它们具有相同数量的 Au 原子时,核 Au 原子总是以相同的方式堆积,包括 $Au_{25}L_{18}$(L:SR、SeR、C≡CR)、$Au_{36}L_{24}$(L:SR、C≡CR)、$Au_{44}L_{28}$(L:SR、C≡CR)和 $Au_{144}L_{60}$(L:SR、C≡CR)。在迄今为止报道的核壳结构 AuNC 中,核 Au 原子主要以如下结构堆积:面心立方 $Au_{36}L_{24}$、$Au_{44}L_{28}$、$Au_{92}(SR)_{44}$ 和 $Au_{279}(SR)_{84}$;体心立方 $Au_{38}S_2(S\text{-}Adm)_{20}$;密排六方 $Au_{18}(SR)_{14}$ 和 $Au_{30}(S\text{-}Adm)_{18}$;二十面体包括单个 Au₁₃ 二十面体 $Au_{25}L_{18}$ 和 $Au_{38}(SR)_{24}T$,双二十面体共面 $Au_{38}(SR)_{24}Q$、$Au_{44}(2,4\text{-}DMBT)_{26}$ 和 $Au_{48}(TBBT)_{28}$,多层二十面体 $Au_{133}(SR)_{52}$ 和 $Au_{144}L_{60}$;十面体 $Au_{102}(p\text{-}MBA)_{44}$、$Au_{103}S(SR)_{41}$ 和 $Au_{130}(p\text{-}$

MBT)$_{50}$。

1.3.2.3　金纳米簇的手性结构

所有配体保护的 AuNC 在以下四个结构上显示手性:(1)手性硫醇配体;(2)配体在 NC 表面的手性排列;(3)桥接的 Au–S 结合基序中的顺反异构;(4)金属核心的固有手性。在本节中详细讨论前三个。

第一个是使用手性配体制备金属纳米簇,主要包括手性硫醇盐和手性膦。硫醇盐的手性主要来自有机分子链上的手性原子,如青霉胺、半胱氨酸、L-谷胱甘肽、1-甲基-2-苯乙基硫醇盐、N-乙酰基-L-半胱氨酸和樟脑硫醇等。膦的手性来源主要分三种模式:(1)磷原子作为手性中心与三个不同的烃基键合;(2)碳尾的手性原子;(3)原子空间旋转受限。这种手性在配体保护的 AuNC 中已有许多报道。

第二个是配体在 NC 表面上进行手性排列。这种手性通常出现在具有多个对称轴但没有对称平面的 NC 中,并且这些 NC 通常受到二齿配体的保护。

第三个是桥接 Au–S/Au–Se/Au–Te 结合基序中的顺反异构。在已用于保护 AuNC 的众多类型的配体中,只有硫醇盐和硒酸盐中的 S、Se、Te 原子具有四种不同的取代基(两个不同位置的 Au 原子、一个碳尾原子和孤对电子),它们的 sp^3 杂化使其具有立体中心。例如,在低聚 Au$_x$(SR)$_{x+1}$ 短链中,S 原子的绝对构型(S 构型或 R 构型)可导致不同的立体异构体。目前为止,AuNC 中主链的顺反异构体很难通过实验测试,但在 Au/PdNC 中可以观察到反式异构体,其显示八个 S 原子具有一致的 R 构型,其 NC 中的四个单体 SR–Au–SR 是反式立体异构体。

1.3.3　配体对金纳米簇物理性质和化学性质的影响

AuNC 由于粒径超小,具有很强的量子限制效应,因此具有一些独特的分子特性,如 HOMO-LUMO 电子跃迁、光致发光、离散氧化还原行为、固有磁性和光学手性。配体保护的 AuNC 中 Au 核心的大小和结构决定了它们的物理性质和化学性质。然而,最近的研究表明,AuNC 表面的配体也可能影响其物理性质和化学性质。因此,设计 AuNC 表面配体是控制其物理、化学性质的另一种有效方法。下面将讨论配体对 AuNC 物理、化学性质的影响,包括光致发光、光学吸收、稳定性和化学反应性,主要监测与 AuNC 表面配体有关的内部机制,以期用于各种新兴产业。

1.3.3.1　光致发光

受配体保护的 AuNC 具有强发光特性,这是由于其在大约 2 nm 尺寸区域中的量子限制效应产生的离散电子结构。如前所述,AuNC 表面的有机配体由三部分组成:结合位点、配体和官能团。配体中这三部分都会影响 AuNC 的电子结构和发光特性。人们已经开发了三种方法来改善 AuNC 的发光性能。第一种方法是利用配体的结合位点,加强从配体到 Au 核心的电荷转移。第二种方法是使用配体及其官能团,以增强富电子原子的离域电子从配体到 Au 核心的直接转移。第三种方法是通过聚集诱导发射(AIE)来增强 AuNC 的发光,其中配体的性质可以决定 AuNC 的 AIE 行为。可以使用配体的结合位点进一步提高 AuNC 的发光强度。例如,可以使用二硫醇作为保护配体,通过 Au(Ⅰ)—S 键进一步促进配体和 Au 原子之间的电荷转移,从而产生具有高荧光量子产率的 AuNC。已有研究者发现,与硫醇盐保护的 $Au_{24}NC$ 相比,$Au_{24}(SePh)_{20}$ 的荧光强度要弱得多,因为与 Au(Ⅰ)—Se 键相比,其结构电子转移更困难,如图 1-14(b)所示。在配体保护的 $Au_{25}NC$ 系统中也有类似的发现,其中通过用配体 $S-C_2H_4Ph$ 替换 $[Au_{25}(SePh)_{18}]$ 实现了发光强度的增强。

有研究人员发现具有较长烷基链或含有苯环的硫醇配体可以形成具有更强发光性能的 AuNC。例如,以 $PhCH_2CH_2$、$C_{12}H_{25}$、C_6H_{13} 合成的 AuNC 的发光强度按 $PhCH_2CH_2 > C_{12}H_{25} > C_6H_{13}$ 的顺序递减。这一结论也与电荷贡献能力的顺序一致。在另一项研究中,用 SCH_2Ph 或 $SCH_2Ph-t-Bu$ 配体代替 $Au_{24}NC$ 中的 SC_2H_4Ph 配体增强了 $Au_{24}NC$ 的发光强度,如图 1-14(c)所示。这一发现与理论计算一致,这表明 $Au_{24}(SCH_2Ph-t-Bu)_{20}$ 的内核比 $Au_{24}(SCH_2Ph)_{20}$ 的内核更能吸引离域电子。配体的长度可以影响 AuNC 的电子转移和几何结构,使得更长配体保护的 Au_{25} 具有更低的发射能量和更大的斯托克斯位移。关于保护配体上的官能团,人们发现含有富电子原子(如 N 和 O)或基团(如—COOH 和—NH_2)的配体形成的 AuNC 发光更强。因此,在 GSH(富含—COOH 和—NH_2)保护的 AuNC 中经常观察到较强的发光,如 $Au_{15}(SG)_{13}$、$Au_{18}(SG)_{14}$ 和

$Au_{22}(SG)_{18}$。同样,富电子硫醇化聚乙二醇(PEG)也被用作交换 NC 表面上的苯硫醇盐的配体,进一步增强了 AuNC 的荧光强度。AIE 是提高 AuNC 荧光强度的有效方法,把这类纳米簇归为 AIE 型发光 AuNC。这些配体可以通过以下三种方式诱导聚集。第一,配体的极性可以诱导 AuNC 的 AIE 效应。例如,具有官能团的亲水性配体,如—COOH 和—NH_2,属于强极性分子,在水中表现出良好的溶解性。因此,如将弱极性溶剂或不良溶剂(如乙醇)引入,由亲水性配体保护的 AuNC 在水中溶解度会降低,导致 AuNC 的聚集,从而显著提高其发光性能。第二,配体苯环上的 π-π 堆积也可以促进 AuNC 的聚集。AuNC 表面芳香配体的 π-π 堆积可以诱导 AuNC 的自组装,进一步限制 AuNC 表面基序的迁移并实现发光的增强。第三,AuNC 表面的硫醇盐配体的官能团也可用于诱导 AuNC 的聚集,如图 1-14(d)和图 1-14(e)所示。例如,通过四辛基铵(TOA)阳离子和 GSH 带负电的羧基之间的静电作用,使用 TOA 阳离子硬化 AuNC 的表面基序,$Au_{22}(SG)_{18}$ 的荧光量子产率可以达到 60%。在另一项研究中,利用壳聚糖带正电荷的胺基和 GSH 配体的带负电荷的羧基之间的静电作用,在壳聚糖纳米凝胶中空间限制 GSH 保护的 AuNC,进一步改善了 AuNC 的发光性能。

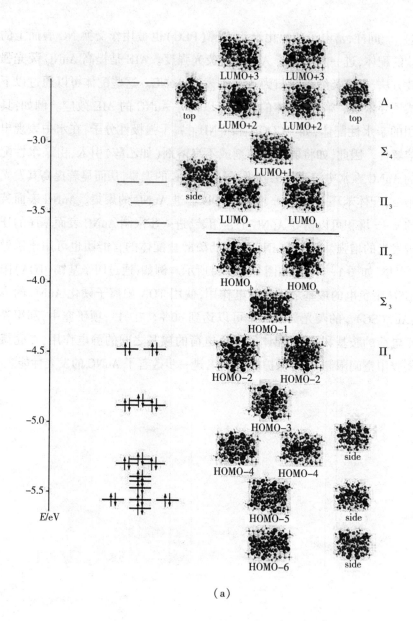

（a）

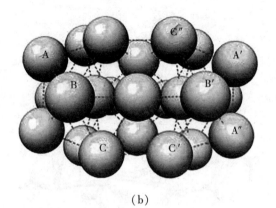

（b）

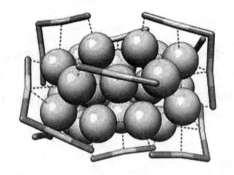

（c）

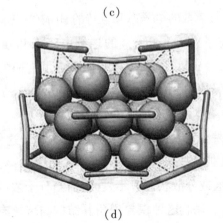

（d）

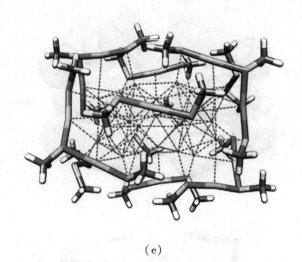

(e)

图 1-14　(a)带有 PNA 保护的 AuNC 结构的轨道和能级图；
(b)表面有 Au 原子标记的 Au_{23} 核心与配体层的对称性；(c)手性 D_3 排列的
Au_{24}NC 原子；(d)AuNC 横向基序；(e)SCH$_3$ 表面排列

1.3.3.2　光学吸收

超小型 AuNC 具有离散的电子态和独特的 HOMO-LUMO 跃迁,这与其较大的对应物 Au 纳米粒子(3 nm 以上)的连续电子态和强表面等离子体共振(SPR)特性明显不同。AuNC 的尺寸和结构决定了它们的电子结构和光学吸收。此外,对于配体保护的 AuNC,配体也会影响 AuNC 的光吸收,因为具有不同锚定点或官能团的配体可以通过共价键影响 Au 核。

2001 年,唐本忠院士首次提出了 AIE 的科学概念。这种新的发光现象极大地扩展了荧光传感识别机理。他们发现 1-甲基-1,2,3,4,5-五苯基硅杂环戊二烯(MPPS)在稀溶液或分散状态时不发光,而当分子浓度较高或处于聚集状态时其荧光强度反而增强。这种现象说明其结构与传统有机分子大共轭结构不同,其主要为分子的扭曲结构。

诱导 AuNC 或 Au(Ⅰ)-硫醇盐配合物荧光增强与 Au(0)和 AuNC 表面的配体至关重要,其配体可以通过以下三种途径诱导聚集:首先,配体的极性可以诱导 AuNC 产生 AIE 效应,如具有官能团的亲水性配体在水中具有良好的溶解性。因此,将弱极性溶剂或不良溶剂(如乙醇)加入水中能够降低亲水性配体保护的 AuNC 的溶解度,导致 Au 纳米晶体聚集,进而显著提高其发光性能,如图 1-15(a)和图 1-15(b)所示。其次,含有苯环 π-π 堆积的配体或主体也可以促进 AuNC 的聚集。在 AuNC 表面芳香配体的 π-π 堆积可以诱导 AuNC 的自组装,进一步限制 Au 纳米晶体表面基序的迁移速率,进而实现发光增强。最后,AuNC 表面的硫代配体也可用于诱导 AuNC 的聚集,如四辛基铵诱导 $Au_{22}(SG)_{18}$,GSH 配体的羧基负离子通过与 TOA 阳离子之间的静电作用,其荧光量子产率可达 60%,如图 1-15(c)所示。在另一项研究 AuNC 发光的报道中,利用带正电荷的胺基和带负电荷的 GSH 之间的静电作用,将 AuNC 封装在壳聚糖中制备纳米凝胶,提高了其发光强度,如图 1-15(d)所示。

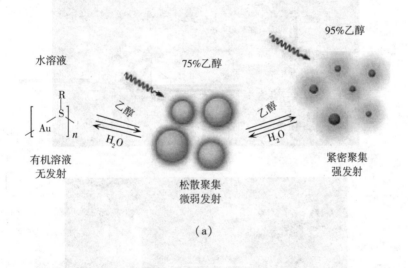

(a)

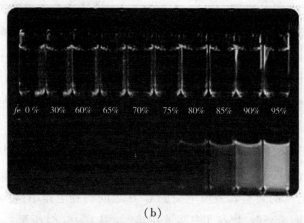

(b)

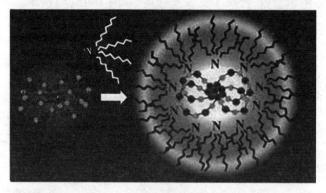

(c)

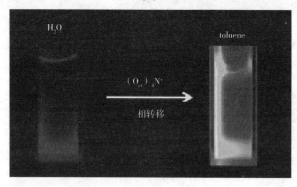

(d)

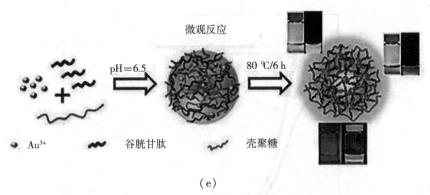

（e）

图 1-15 （a）乙醇诱导 AuNC 的 AIE 效应示意图；（b）基于 AIE 效应，
不同醇水体积比下诱导的 AuNC 的荧光图片；（c）TOA 和 GSH 之间的静电作用
增强 $Au_{22}(SG)_{18}$ 的发光；（d）～（e）通过胺基和 GSH 之间的静电
作用增强 AuNC 的发光

1.3.3.3 稳定性

很明显,AuNC 表面的保护配体对于 AuNC 在溶液中的稳定性至关重要,因为配体存在可以抑制 AuNC 在溶液中聚集。保护配体的结合位点、配体和官能团都是提高 AuNC 稳定性的重要考虑因素。配体的锚定点与 NC 表面的 Au 原子形成的共价键是它们在溶液中具有良好稳定性的关键。与硫相比,硒的电负性和原子半径更接近金,导致 Au—Se 键比 Au—S 键的亲和力更强。因此,与硫醇盐保护的 AuNC 类似物相比,硒酸盐保护的 AuNC 在溶液中表现出更高的稳定性。例如,对 $[Au_{25}(SC_8H_{17})_{18}]^-$ 和 $[Au_{25}(SeC_8H_{17})_{18}]^-$ 的 UV-vis 吸收光谱的研究表明, $[Au_{25}(SC_8H_{17})_{18}]^-$ 的吸收峰在孵育过程中逐渐消失,而 $[Au_{25}(SeC_8H_{17})_{18}]^-$ 的吸收峰维持了一段时间。另一项研究比较了受 NHC、硫醇盐和膦保护的 $Au_{25}NC$ 的溶液稳定性,其中合成的 $Au_{25}NC$ 在 1,2-二氯乙烷中 80 ℃孵育 12 h。AuNC 样品的 UV-vis 吸收光谱（图 1-16）表明,NHC 保护的 AuNC 与硫醇盐和膦保护的 $Au_{25}NC$ 相比具有更好的稳定性。

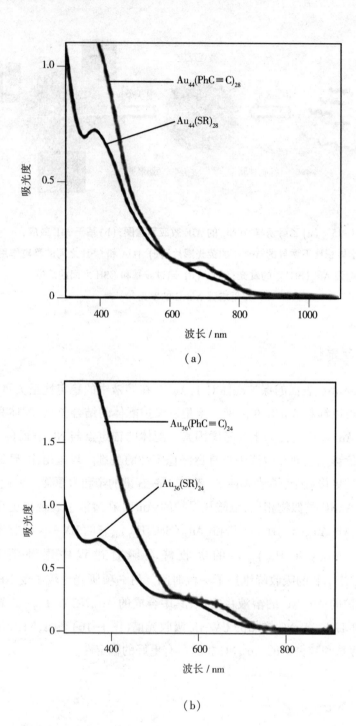

（a）

（b）

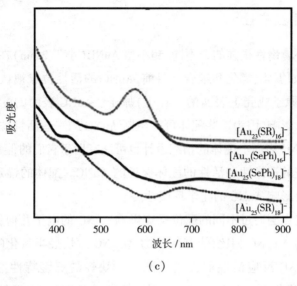

（c）

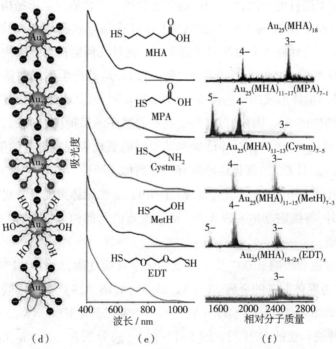

（d）　　　　（e）　　　　（f）

图 1-16　（a）（b）具有相同尺寸的炔基和硫醇盐保护的 AuNC 的 UV-vis 吸收光谱；
（c）硒酸盐和硫醇盐保护的 Au$_{23}$ 和 Au$_{25}$NC 的 UV-vis 吸收光谱；（d）～（f）双硫醇盐
保护的 Au$_{25}$NC 的电荷各向异性对光学性质的影响

1.3.3.4 化学反应性

与对外部环境惰性很强的金不同,超小型 AuNC(小于 2 nm)在多种化学反应中非常活跃,如氧化、氢化和耦合。目前,AuNC 的活性位点被认为是核心上未被占据的 Au 原子或壳上表面的 Au(Ⅰ)原子。AuNC 表面的配体层可能对其催化产生负面影响,因为这些配体可以阻断 AuNC 的一些活性位点。最近的研究还表明,AuNC 表面上配体的精细设计也可能有助于它们的催化作用,可用于设计具有改进的选择性和活性的配体保护的 AuNC。配体的锚定点、配体自身和官能团也会影响 AuNC 的化学反应性。

配体的锚定点会通过不同的配位反应影响 AuNC 的电子几何结构。例如,与硫醇盐保护的 $Au_{38}NC$ 相比,炔基保护的 $Au_{38}NC$ 对炔烃半氢化的活性更高。炔基保护的 AuNC 反应活性的提高可归因于炔烃的三键特性,这有利于与 AuNC 的核原子进行电子混合,为 H_2 的活化提供了更合适的电子结构。由锚定点和 Au(Ⅰ)原子组成的不同基序结构(如钉状和环状硫醇基基序)在调整 AuNC 的化学反应性能方面也起着关键作用。这种几何结构将直接决定分子作为不同反应活性位点的可行性和吸附/解吸过程,从而产生不同的活性和选择性。例如,不同配体形成的异构体 $Au_{28}(TBBT)_{20}$ 和 $Au_{28}(CHT)_{20}$ 表现出具有相同面心立方结构的 Au_{20} 内核,但它们受到不同基序的保护(分别以二聚体和三聚体为主)。$Au_{28}(TBBT)_{20}$ 对环己烷和苯甲醇的氧化表现出更高的催化活性,而 $Au_{28}(CHT)_{20}$ 对 CO 的氧化还原具有更好的催化活性。$Au_{28}(CHT)_{20}$ 三聚体可能是 CO 氧化还原的活性位点,而 $Au_{28}(TBBT)_{20}$ 二聚体可能是有机氧化的活性位点。此外,与锚定点相关的 AuNC 活性位点的几何构型也会影响 AuNC 的化学反应性能。

配体自身也会影响 AuNC 及量子点的化学反应性能,如图 1-17(a)所示,以 TMC NW 为配体制备的金属 NC(Ag_x、$Ag31$、$Ag16$、$Ag9$),配体不同其发光性质也不同。如图 1-17(b)~(d)分别为 CdS NW、CdS@MEA NW、Ag_x@GSH/CdS NW 三种纳米簇的 SEM 图。图 1-17(e)~(g)分别为 CdS NW、CdS@MEA NW、Ag_x@GSH/CdS NW 的 TEM 图。图 1-18(h)~(o)分别为 Cd、S、Ag、N、C、Cl 以及 O 的元素映射结果。与脂肪族配体相比,由芳族硫醇盐配体保护的 AuNC 表现出更高的活性和选择性。除了活化作用外,芳族配体和反应物之间

可能存在的 π-π 相互作用也可以提高 AuNC 的催化活性。例如,在 4-硝基苯酚的氢化中,表面配体的苯环与 4-硝基苯酚(反应物)之间的 π-π 相互作用促进了反应物扩散到 AuNC 的配体外壳中,为反应物从最佳方向(垂直方向)到 NC 表面上提供了活性位点。然而,在 AuNC 催化的 CO 氧化中观察到了不同的趋势,其中芳香配体降低了 AuNC 的活性,可能是由于 AuNC 用于 CO 氧化的活性位点是 AuNC 和载体之间界面的周边位点,并且 AuNC 表面上的芳香配体增大了界面的空间位阻,从而抑制了用于催化反应的 CO 吸附。

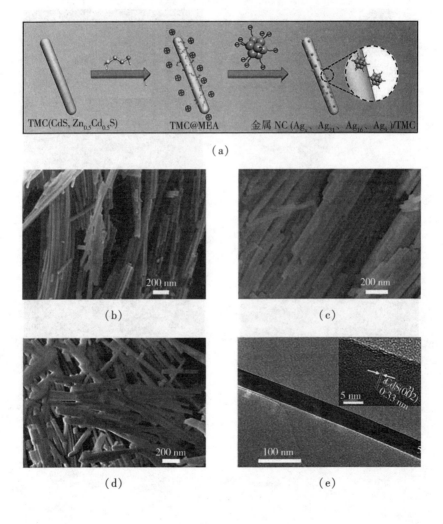

(a)

(b)　　　(c)

(d)　　　(e)

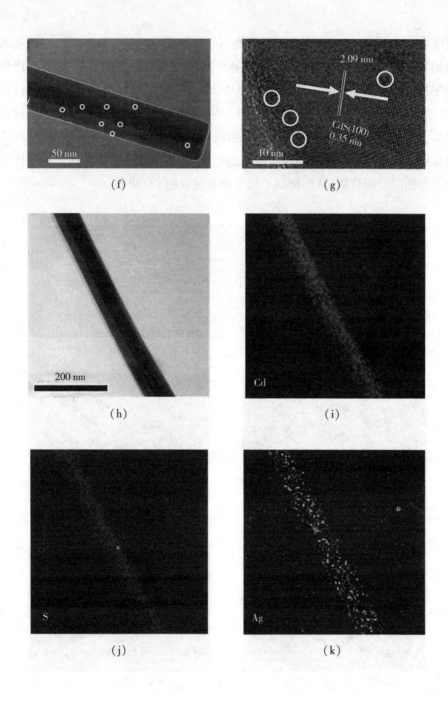

(f)

(g)

(h)

(i)

(j)

(k)

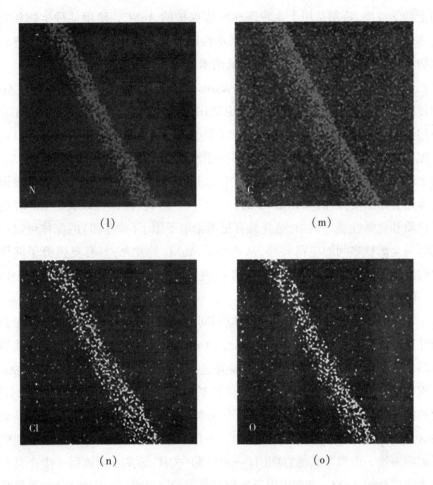

图 1-17　(a) 金属 NC (Ag$_x$、Ag$_{31}$、Ag$_{16}$、Ag$_9$) /TMC NW 纳米复合材料的结构示意图；
(b) CdS NW、(c) CdS@ MEA NW、(d) Ag$_x$@ GSH/CdS NW 的 SEM 图；
(e) CdS NW 的 TEM 和 HRTEM (插入) 图；(f) CdS@ MEA NW 的 TEM 图；
(g) Ag$_x$@ GSH/CdS NW 的 HRTEM 图以及 (h) ~ (o) 元素映射结果

　　AuNC 表面配体的官能团也会影响 AuNC 的化学反应性能。例如，笔者比较了带有羧基和胺基的配体保护的 Au$_{25}$(SR)$_{18}$ 在 4-硝基苯酚加氢反应中的可行性和反应活性，由于空间位阻和金核的电子修饰相结合，胺基的存在会降低 Au$_{25}$(SR)$_{18}$ 的化学反应性能。

　　除了上面讨论的四种物理、化学性质外，AuNC 的配体还会影响其他性质，如生物学性质,特别是用于生物医学配体保护的 AuNC。使用某种生物相容性配体,如生物分子(肽和蛋白质)和亲水性硫醇盐配体,已被证明是在多样化的生物医学应用中制备生物相容性金属纳米簇的一种有前途的策略。

前面讨论了配体对配体保护的 AuNC 的合成、结构和性质的影响。AuNC 中涉及的基本化学原理和设计原则也适用于其他贵金属纳米簇,如 AgNC。配体的选择是合成疏水配体保护的 AuNC 的关键因素,通常采用尺寸聚焦、LEIST 或配体交换方法,这些同样适用于那些亲水性配体保护的 AuNC。此外,NC 表面上的配体也可以影响 AuNC 的结构,包括其内核和主链结构。AuNC 表面的配体还会影响配体保护的 AuNC 的分子手性。因此,配体可以决定 AuNC 的物理性质和化学性质。例如,选择具有更多给电子原子(或基团)的配体可以改善配体与金属核之间的电荷转移,从而增强 AuNC 的发光;具有更强分子间作用力的配体表面层的设计可以为 AuNC 提供更好的保护,提高它们在溶液中以及在实际应用中的稳定性。

在 AuNC 的配体设计中应解决以下问题。首先,双配体保护的 AuNC 的表面性质可以在各种应用中显著多样化。AuNC 表面的精确配体控制是功能纳米材料表面工程的前沿研究课题,还需要进一步研究。其次,配体保护的 AuNC 合成化学已经建立了由不同类型配体保护的丰富的 AuNC 数据库,其大小、组成和结构都得到了很好的控制。然而,AuNC 的表面功能相当有限。例如,亲水性 AuNC 的大部分表面官能团是羧基(—COOH),其只为 AuNC 在水中提供良好的溶解性。而携带其他官能团(—NH$_2$ 和—OH)的亲水配体用于生产具有理想表面特性的 AuNC,将有望用于各种有机溶液。此外,除了为 AuNC 提供良好的保护外,精心设计的表面配体还可能发挥其他重要作用,如增强 AuNC 的物理、化学性质或在各种应用中为 AuNC 提供反应性。因此,使用多功能配体生产 AuNC 也可能为进一步多样化其物理化学、性质和应用性能提供良好的机会。最后,虽然现在已有许多关于配体对 AuNC 性能影响的报道,但仍然需要系统和深入研究如何进一步将配体的性质与 AuNC 的物理、化学性质关联起来。例如,AuNC 在催化应用中的机理和活性位点仍然难以捉摸。研究配体对 AuNC 物理性质和化学性质的影响将为 AuNC 表面配体的设计提供理论基础。

1.4 金属纳米簇的发光机制

关于金属纳米簇的发光机制,不能简单地归因于金属核的量子限制效应,还涉及纳米簇表面上的封端配体。金属核与保护配体的配位通常会导致配体到金属的电荷转移(LMCT)及配体到金属–金属的电荷转移(LMMCT);金属纳米簇中金核具有较强的自旋–轨道耦合能力使其单线态和三线态混合,致使三线态向单线态跃迁,最终导致金属核心三线态产生辐射弛豫,进而发光。由于发光涉及在不同能级上的电子转移,因此也称电磁辐射发光。根据激发的方式,发光可以分为不同类型,包括光致发光、化学发光及电致发光等等。红外辐射、可见光及紫外辐射均可引起光致发光,如磷光和荧光主要取决于弛豫机制和发射寿命。

金纳米结构的大小会影响其发光性能。当 AuNC 的粒径大小约为 2 nm 时,自由电子的空间被纳米结构限制,其电子能级从准连续状态变为离散状态,因此,AuNC 具有可调节的光致发光性能。通常,把金属中的价电子视为自由电子,同时核心电子被限制为单个原子。AuNC 的光致发光可以通过自由电子模型来描述(假设价电子可以自由穿过簇群,价电子与核的相互作用可以忽略不计),这表示光发射主要来自带内(sp-sp)杂化效应而不是带间(sp-d)杂化效应。

一般而言,AuNC 中金原子的数量、簇的聚合状态和配体类型都可以影响其光致发光。Ying 等人报道了由芳香配体保护的能发出荧光的 AuNC@SR,其荧光量子产率为 6%,同时具有一定的选择性及抗干扰能力,如图 1-18(a)所示。通过光谱学分析确定 AuNC@SR 光致发光来源为金簇群而不是芳香配体。根据球形 Jellium 模式及其 MALDI 质谱最终确定其存在形式为 $Au_{25}(SR)_{18}$。他们还制备了基于 Au_{36} 的系列纳米簇并研究了其对 CO 的氧化活性,如图 1-18(b)所示。根据 Au_{36} 系列纳米簇的氧化活性数据,尽管—SPh—tBu 配体比—SPh 空间位阻大,但是 $Au_{36}(SPh)_{24}$ 和 $Au_{36}(SPh-tBu)_{24}$ 对 CO 的氧化活性基本相同。这是因为—SPh 的苯环上有庞大的叔丁基,但其处于碳链的末端,不靠近 Au-S 界面,因此其不影响 CO 在 Au 位点上的吸收,这一结果再次表明了界面位置的重要性,而不是配体中 R 基团起到作用。Wu 等人以不同配体制备了一系列

AuNC,并比较了它们的粒径大小和荧光强度,如图 1-18(d)和图 1-18(e)所示。在另一篇报道中,Xie 等人制备了超强发冷光的 $Au_{25}@(MPA)_{18}$ 簇,且利用 AIE 效应进行了解释,如图 1-18(f)所示。低聚的 $Au_{25}@(MPA)_{18}$ 簇本身是不发光的,一旦通过诱导使此簇聚集就可以产生超强的光致发光效应,聚集度决定了光致发光的波长和强度。

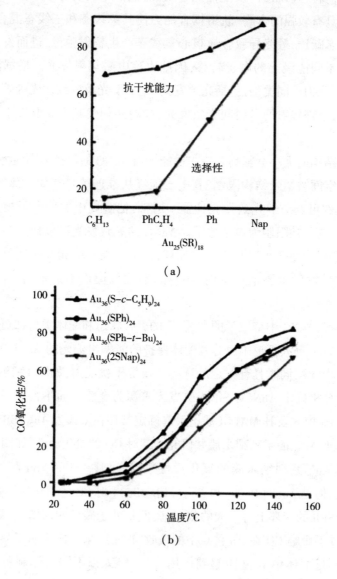

(a)

(b)

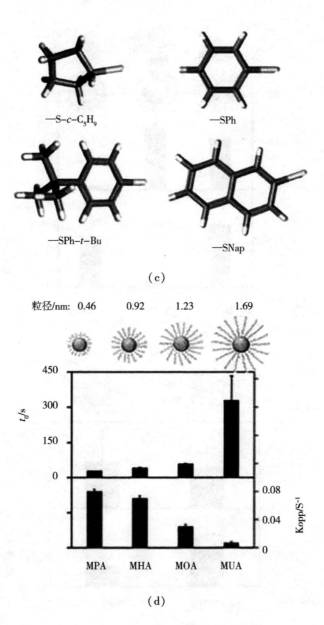

（c）

（d）

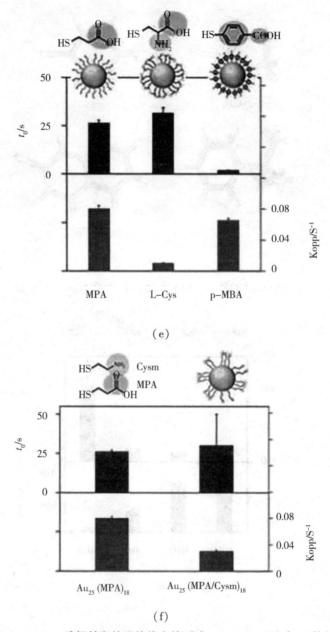

图 1-18 （a）Au$_{25}$（SR）$_{18}$ 选择性和抗干扰能力的测试；（b）Au$_{36}$ 系列对 CO 的氧化性对比；（c）Au$_{36}$ 系列配体的空间结构图；（d）不同配体 MPA、MHA、MOA、MUA 制备的 AuNC 粒径大小和荧光强度的比较；（e）不同配体 MPA、L-Cys、p-MBA 制备的 AuNC 荧光强度的比较；（f）Au$_{25}$（MPA）$_{18}$、Au$_{25}$（MPA/Cysm）$_{18}$ 的粒径大小与荧光发射的关系

1.5 本书主要研究内容

金属纳米簇是一种新型的荧光纳米材料,它独特的光学性质使其在生物标签及成像、化学和生物传感器、电子器件、绿色能源及环境分析等领域表现出了很大的应用潜能。但是局限于金属纳米簇较低的荧光量子产率,其在生物学和化学应用中都受到了很大限制。本书采用以下几种方式提高其荧光量子产率:(1)优化并改进传统的合成方法;(2)通过双金属协同作用制备合金纳米簇;(3)构筑纳米簇与树枝状大分子的组装体系。同时本书以 AuNC 为小分子荧光探针,对体外及血清中生物蛋白分子进行定量检测并研究其响应机制。具体内容为:

(1)基于 AMP 保护的 AuNC,对其传统的合成方法(光照法)进行了优化,采用加热搅拌法制备了具有高荧光量子产率(14.52%)的 AuNC@AMP。通过观察核磁(氢谱和磷谱)、质谱及红外吸收光谱的变化,确定了其内部结合模式(即 AMP 上的嘌呤环和磷酸根基团共同垂直作用于 AuNC 的表面),并探究了结合模式对 AuNC@AMP 荧光量子产率的影响。

(2)使用 AuNC@AMP 作为小分子荧光探针定量检测体外 LDH 的含量。最终得到 LDH 在溶液中的最佳检测范围为 $8.0 \sim 400$ U·L^{-1},其检测极限可达到 0.2 nm(26 pg·μL^{-1},0.8 U·L^{-1}),并且其在血清中的检测极限可达到 10 nm(40 U·L^{-1})。同时对其响应机理也进行了深入的探讨,LDH 中自由巯基与 AuNC@AMP 形成具有强结合能力的硫金键,从而形成了硫醇复合物,进而使 AuNC 荧光猝灭。

(3)使用水热法制备了具有光敏性的小分子 AMP 保护的 Au/AgNC 新型材料,其荧光量子产率为 8.46%。基于树枝状大分子 PEI 中的—NH 基团及—NH$_2$ 基团与金属原子的强结合能力,构筑了强光致发光的 Au/Ag-AMP-PEI 组装体系,使荧光量子产率提高 7 倍左右,并使其失去光敏性。

第 2 章　AMP 保护的强发光 AuNC 的制备及发光机理研究

2.1　引言

　　AuNC 具有强而稳定的荧光发射特性、低毒性、良好的生物相容性及高光催化稳定性,而且粒径极小、表面易被功能化,因而成为近年来的研究热点,已被广泛应用于荧光传感、生物成像、光动力治疗等方面。在原理上,其荧光发射的本质是从配体到金属表面电荷转移的混合效应以及金属核中的量子限制,这主要取决于金属核的本征量子化效应和配体的性质。虽然目前对于 AuNC 的研究已经取得了巨大的进步,但仍有一系列问题有待解决,需要改进。其中,最突出的问题就是如何探索新方法进而提高荧光量子产率。

　　目前,已报道了一系列由单磷酸腺苷(AMP)保护的具有荧光发射特性的 AuNC(AuNC@AMP),通过柠檬酸钠还原及光照搅拌制备。然而,其荧光量子产率非常低(1.6%),且在 365 nm 紫外灯照射下发蓝光(λ_{em} = 470 nm)。随后,Julie 等人采用类似的方法制备了 AuNC@AMP,其荧光量子产率略微提升(2.6%),荧光发射依然为蓝光(λ_{em} = 474 nm)。由于这些是短波长(< 500 nm)发光,其本质应归因于 Au(Ⅰ)与腺嘌呤衍生物相互作用而形成了复合物,而不是以 Au(0)为核心构成纳米晶簇。尽管这些 AuNC 的荧光量子产率偏低,但是由于腺嘌呤在生命体中主要参与 DNA 和 RNA 的合成,因此 AuNC@AMP 在生物学方面仍具有很大的应用潜力。

　　在本章中,笔者通过柠檬酸钠还原制备了 AuNC@AMP。这种方法不但具有速度快、成本低及产量高等优点,而且制备出的 AuNC@AMP 具有较高的荧光量子产率(14.52%)及较大的斯托克斯位移(152 nm)。通过质谱(MS)、核磁氢谱(^{1}H NMR)、核磁磷谱(^{31}P NMR)和傅里叶变换红外光谱(FT-IR)研究了 AMP 在金簇表面的结合模式及内在高发光机制。

2.2　材料与方法

2.2.1　试剂及药品

本章所使用的试剂及药品有 5′-腺嘌呤核苷酸(AMP)99%、腺苷 3′,5′-环单磷酸水合物(cAMP)99%、氯金酸(HAuCl$_4$)99%、磷酸二氢钠(NaH$_2$PO$_4$)99%、磷酸氢二钠(Na$_2$HPO$_4$)99%、磷酸(H$_3$PO$_4$)98%、溴化钾(KBr)99%、柠檬酸钠98%、硫酸奎宁99%、重水(D$_2$O)、2,2-二甲基-2-硅杂戊烷-5-磺酸-D6钠盐99%。

2.2.2　仪器设备

本章所使用的仪器有 AVANCE-Ⅲ 500 型核磁共振波谱仪(500 MHz)、JEM-2100F 型透射电子显微镜(TEM)、RF-5301PC 型荧光光谱仪、UV-3600 型紫外可见近红外分光光度计、Autoflex speed TOF/TOF 型基质辅助激光解析飞行时间质谱联用仪、VERTEX 80V 型傅里叶变换红外光谱仪(80 V)、ESCALAB 250Xi 型 X 射线光电子能谱仪(XPS)。

2.2.3　样品制备及检测

2.2.3.1　AuNC 合成条件的优化

本章中,笔者使用柠檬酸钠还原及加热搅拌的方法制备 AuNC@ AMP。配制 250 mL 10 mmol · L^{-1} 的氯金酸溶液、20 mL 100 mmol · L^{-1} 的 AMP 溶液、

0.5 mol·L^{-1} 的柠檬酸钠溶液(pH = 6.0)及 20 mmol·L^{-1} pH = 7.4 的磷酸缓冲溶液(PB)备用。

首先,对 AuNC@AMP 的最佳合成比例进行优化。由于还原剂柠檬酸钠过量,所以在这里不考虑还原剂的比例,只优化氯金酸和 AMP 的最佳比例。制备总体积为 20 mL 的储备液,向 50 mL 圆底烧瓶中加入 2 mL 10 mmol·L^{-1} 的氯金酸,分别向其中加入 1 mmol·L^{-1}、2 mmol·L^{-1}、3 mmol·L^{-1}、4 mmol·L^{-1}、5 mmol·L^{-1}、6 mmol·L^{-1}、7 mmol·L^{-1}、8 mmol·L^{-1}、9 mmol·L^{-1}、10 mmol·L^{-1}、15 mmol·L^{-1} 和 30 mmol·L^{-1} 的 AMP 溶液,再向其中加入 40 mmol·L^{-1} 的柠檬酸钠。80 ℃ 加热搅拌 2 h 即可得到 AuNC@AMP 粗品。通过观察其荧光强度变化,最终确定最佳合成比例。

其次,对制备的 AuNC@AMP 的合成温度进行优化。选取上述氯金酸和 AMP 最佳比例,加入上述同浓度的柠檬酸钠溶液(pH = 6.0),分别在 60 ℃、70 ℃、80 ℃ 及 90 ℃ 下搅拌 2 h,取样进行荧光测试,观察其荧光强度变化,确定最佳反应温度。

最后,优化 AuNC@AMP 的合成时间。选取上述氯金酸和 AMP 最佳比例,加入 36 mL 去离子水,搅拌 2 min 后,加入同浓度的柠檬酸钠,80 ℃ 加热搅拌 4 h。其间每 10 min 取出 50 μL 溶液,室温冷却,再使用磷酸缓冲溶液稀释至 10 mmol·L^{-1}。测试其荧光强度,观察其变化趋势,最终确定最佳反应时间。AuNC@cAMP 的制备方法与制备 AuNC@AMP 一致。

2.2.3.2 AuNC 的纯化及其 XPS 测试

采用上述方法最终制备了 1 mmol·L^{-1} 的 AuNC@AMP。待其室温冷却后,使用 0.22 μmol·L^{-1} 的过滤器滤出溶液中的大颗粒;按体积比 1∶2 混合 AuNC@AMP 和丙酮,室温搅拌 5 min;高速离心 30 min(4000 r·min^{-1})后,去掉上清液;沉淀部分反复使用丙酮重悬、离心 3 次,以除去溶液中过量的 AMP 和柠檬酸钠;使用冻干机将沉淀部分冻干(12 h),得到浅绿色固体粉末即纯 AuNC@AMP。AuNC@cAMP 的纯化方法与上述方法一致。XPS 测试:扫描次数为 11,扫描时间为 3 min 40 s,电压为 0.05 eV。

2.2.3.3 测试核磁共振光谱样品的制备

取 4 mg 上述 AuNC@AMP 固体样品,溶解在 450 μL 去离子水中,向其中加入 50 μL 重水(10%),再加入 0.5 μL 2,2-二甲基-2-硅杂戊烷-5-磺酸-D6 钠盐作为内标测试核磁氢谱。测试核磁磷谱前,先配制体积分数为 85% 的磷酸溶液作为参比。取上述固体样品 10 mg,加入 450 μL 去离子水,再加入 50 μL 重水,测试其核磁磷谱。

2.2.3.4　测试傅里叶变换红外光谱样品的制备

取一定量溴化钾(KBr)至研钵中,研磨成粉面,使用模具对溴化钾进行压片,取出后测试背底。取 2 mg 左右 AuNC@AMP 固体样品加入研钵中,将 AuNC@AMP 与溴化钾混合研磨成粉面,使用模具压片,取出测试其红外光谱。

2.2.3.5　测试质谱样品的制备

首先取 4 mg AuNC@AMP 固体样品,加入 1 mL 去离子水,使用 0.5 KD 的透析袋透析 1 天除盐。然后冻干得到固体样品,溶于 100 μL 去离子水中,使用分层点样法测试质谱。最后取已配制好的 DCTB 基质溶液 0.5 μL 至点样板上,溶液晾干后,在上面滴加 1 μL AuNC@AMP 溶液,待溶液晾干后向其中滴加 1 μL 三氟乙酸银。样品晾干后,进行测试。

2.3　实验结果与讨论

2.3.1　AuNC@AMP 的制备及表征

首先,笔者采用荧光光谱来监测 AuNC@AMP 的成长过程。在加入柠檬酸钠前,如图 2-1(a)中 0 min 的曲线所示,单独的氯金酸和 AMP 混合是没有荧光发射的。随着还原剂柠檬酸钠的加入及温度的升高,10 min 后,在 469 nm 处出现荧光发射峰;30 min 后,荧光发射峰迅速增强,随着时间的延长,荧光强度开始缓慢增强。根据已报道的 AuNC@AMP 形成的过程,荧光发射峰迅速增强主要是因为 AuNC@AMP 的成核生长,随即缓慢增强主要是由于 AuNC@AMP 的成熟。此外,图 2-1 还显示出随着反应时间的延长,发射峰位逐渐红移,这与 AuNC@AMP 的生长过程保持一致。同时,在图中观察到制备的 AuNC@AMP

具有较大的斯托克斯位移(152 nm)。与文献已报道的在光照条件下反应 72 h 制备 AuNC@ AMP 的方法相比,本方法快速、省时,但可能在高温条件下 AuNC @ AMP 形成得过快,导致其荧光强度不是很强。根据 AuNC@ AMP 荧光强度和反应温度的响应关系,最终确定最佳加热条件为 80 ℃。由图 2-1 可知随着反应时间的延长,其荧光强度逐渐增加,最后趋于平稳。

结果表明,配体 AMP 的含量对制备高亮的 AuNC@ AMP 具有很重要的作用,其可能与 AuNC@ AMP 表面 AMP 的覆盖度及分布状态有关。因此,笔者认为 15 mmol · L^{-1} 的 AMP 是制备 AuNC@ AMP 的最佳浓度。通过以上优化后的合成条件制备了 AuNC@ AMP 及 AuNC@ cAMP,并以硫酸奎宁作为参比化合物测试了它们的荧光量子产率,前者荧光量子产率可达到 14.52%(表 2-1)。除了 GSH 保护的 AuNC@ AMP 荧光量子产率(15%)外,笔者制备的 AuNC@ AMP 比大多数已报道的 AuNC@ AMP 的荧光量子产率(<10%)要高,同时也比已报道的 AMP 保护的 AuNC@ AMP 的荧光量子产率要高很多(1.6% ~ 2.6%)。

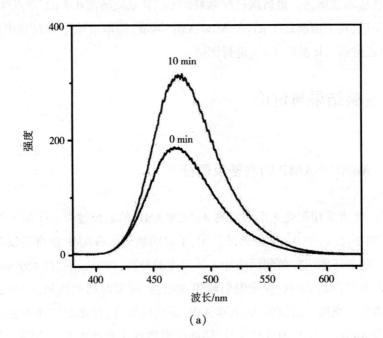

(a)

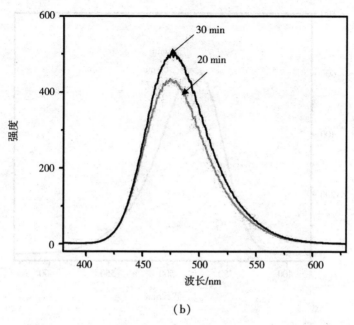

（b）

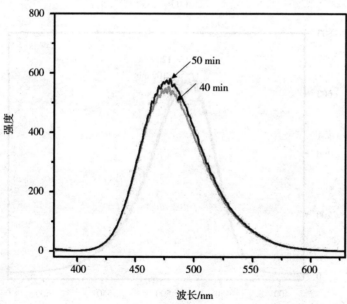

（c）

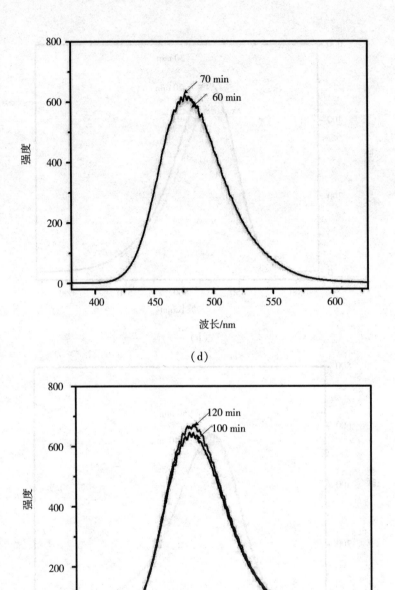

（d）

（e）

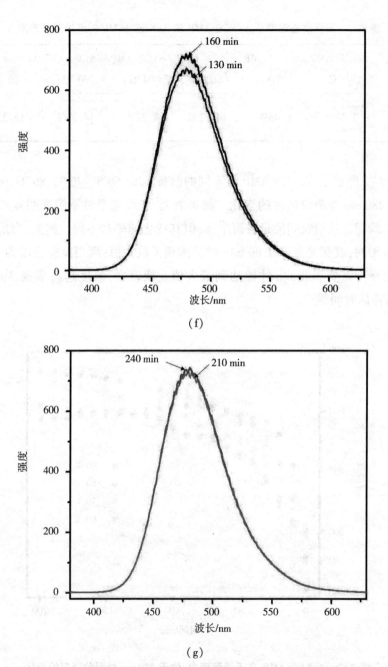

（f）

（g）

图 2-1　AuNC@ AMP 在 80 ℃合成过程中,不同合成时间下的荧光光谱
（a）0 min, 10 min;（b）20 min, 30 min;（c）40 min, 50 min;（d）60 min, 70 min;
（e）100 min, 120 min;（f）130 min, 160 min;（g）210 min, 240 min

表 2-1　不同制备温度下 AuNC@ AMP 和 AuNC@ cAMP 的荧光量子产率

样品	AuNC@ AMP (60 ℃)	AuNC@ AMP (70 ℃)	AuNC@ AMP (80 ℃)	AuNC@ AMP (90 ℃)	AuNC@ cAMP (70 ℃)	AuNC@ cAMP (80 ℃)
荧光量子产率	7. 17%	8. 43%	14. 52%	8. 21%	14. 03%	15. 33%

　　图 2-2 展示了 AuNC@ AMP 在不同的制备温度(60 ℃、70 ℃、80 ℃、90 ℃)下位于 480 nm 处吸收强度的变化。结果表明,各温度条件下荧光强度变化趋势类似,均随着反应时间的延长而增强,但其变化速率却不同。例如,当反应温度为 90 ℃时,其荧光强度在 80 min 时就达到了最大值;而当反应温度为 60 ℃时,荧光强度需要 200 min 才能达到最大值。换言之,温度越高形成 AuNC@ AMP 所需的时间越短。

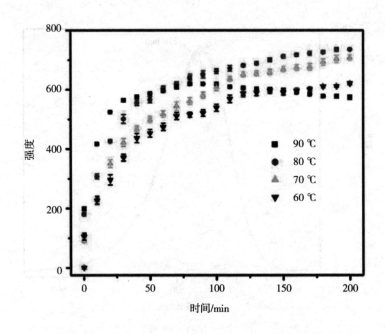

图 2-2　AuNC@ AMP 在不同温度中,位于 480 nm 处吸收强度的变化

　　图 2-3 展示了在不同时间下制备的 AuNC@ AMP 的荧光光谱。结果表明,随

着制备时间的延长,其荧光强度逐渐增加,而在 160 min 以后趋于稳定不再变化。

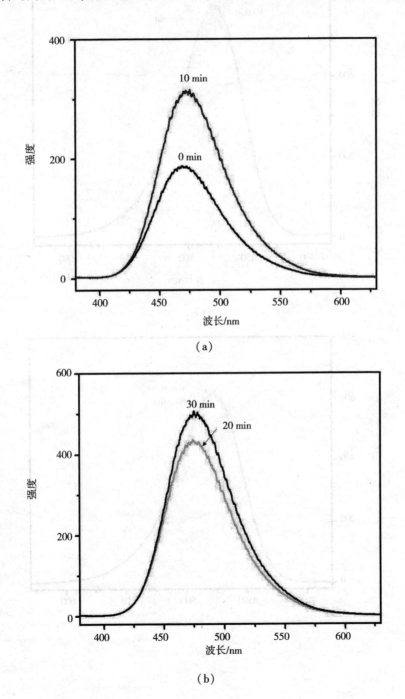

(a)

(b)

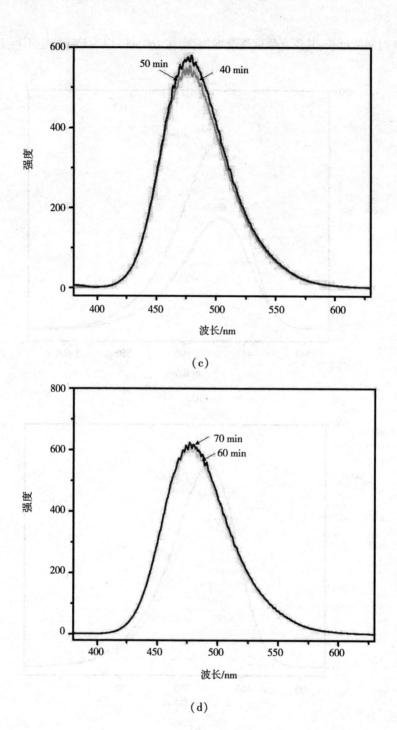

（c）

（d）

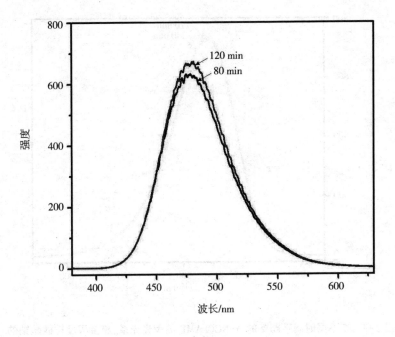

（e）

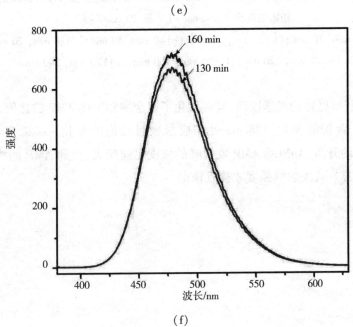

（f）

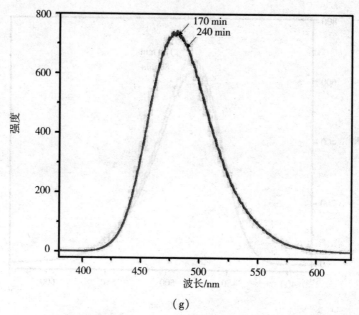

（g）

图2-3　在不同时间下制备的 AuNC@ AMP 的荧光光谱,氯金酸及柠檬酸钠的
初始浓度为 1.0 mmol · L^{-1} 及 50 mmol · L^{-1}

（a）0 min, 10 min;（b）20 min, 30 min;（c）40 min, 50 min;（d）60 min, 70 min;

（e）80 min, 120 min;（f）130 min, 160 min;（g）170 min, 240 min

　　为了获得更好的光学性质,笔者优化了氯金酸和配体 AMP 的比值。图2-4
为随 AMP 含量的变化,328 nm 处相应最大吸收值的变化。结果表明,随着
AMP 浓度的升高,AuNC@ AMP 发射峰的强度迅速变大,直到 AMP 的浓度达到
15 mmol · L^{-1},其发射峰强度才接近稳定。

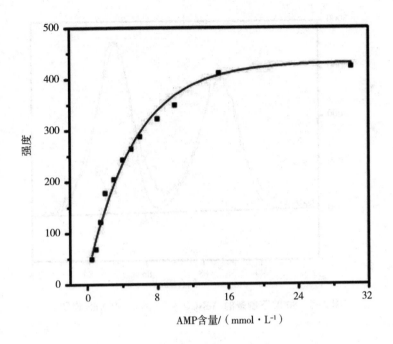

图 2-4　随 AMP 含量的变化,328 nm 处相应最大吸收值的变化

随后笔者通过 XPS 测试了 AuNC@AMP 中 Au(0)和 Au(Ⅰ)的含量。如图 2-5 所示,AuNC@AMP 的 XPS 谱图表明,金的 $4f_{7/2}$ 和 $4f_{5/2}$ 峰分别位于 84.9 eV 和 88.6 eV。而金的 $4f_{7/2}$ 峰进一步被分为两个组分,其结合能分别是 84.0 eV 和 85.0 eV,分别对应 Au(0)和 Au(Ⅰ)。通过计算其峰面积,最后得出在整个粒子中 Au(0)和 Au(Ⅰ)分别占 24.6%和 75.4%,这也表明大部分氯金酸在反应过程中已经被还原。

尽管在这些粒子中 Au(0)的含量只占了 1/4,但也足够说明该方法制备的是真正的金属纳米簇材料,而不是仅含有 Au(Ⅰ)的配合物;进一步也说明 Au(0)应该位于粒子内部,而 Au(Ⅰ)位于粒子表面与 AMP 相互作用,进而固定 AuNC。

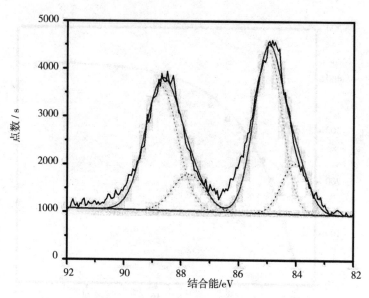

图 2-5　80 ℃下制备的 AuNC@ AMP 的 Au 4f XPS 谱图

最后,笔者利用 TEM 对所制备的 AuNC@ AMP 的形貌进行了表征,TEM 图清晰地显示出其形态及粒径大小。如图 2-6 所示,AuNC@ AMP 是高度单分散的,且具有清晰的晶格条纹,其晶格间距离为 0.233 nm,这与金原子立方面心的(111)晶格间距相对应。

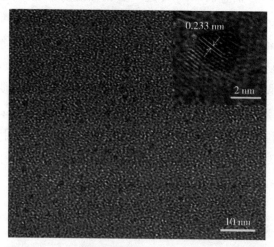

图 2-6　80 ℃条件下制备的 AuNC@ AMP 的 TEM 图

如图 2-7 所示,根据 300 多个粒子粒径的统计,AuNC@ AMP 的平均粒径为
1.64 nm,其多数粒径分布在 1.40~2.15 nm 之间。粒径大小分布如此广泛主要
是因为所制备的 AuNC@ AMP 尺寸不均匀,这一现象与已报道的一致,但本书
中粒径分布已有所改进。

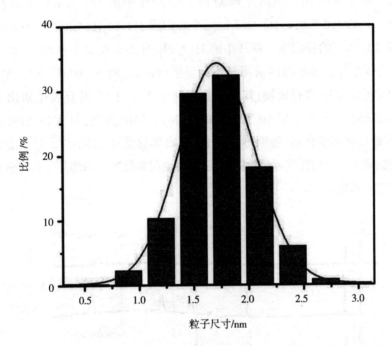

图 2-7　80 ℃条件下制备的 AuNC@ AMP 的粒径分布

综上所述,笔者成功制备了高荧光量子产率的 AuNC@ AMP。由于 AuNC@
AMP 具有较强的荧光发射以及较大的斯托克斯位移,因此其在生物传感、成像
等方面具有较大的应用潜能。然而,AMP 结合到 AuNC@ AMP 表面的相关机理
仍然不清晰,笔者进一步通过核磁共振和傅里叶变换红外光谱对其机理进行
求证。

2.3.2　AuNC@AMP 及 AMP 核磁共振氢谱(^{1}H NMR) 和磷谱(^{31}P NMR) 的测试

根据已报道的文献,AMP 分子中氢原子的化学位移可分为三组:在低场中 8.63×10^{-6} 和 8.45×10^{-6} 的两个峰对应于嘌呤环中的 H2 和 H8;在高场中 4.52×10^{-6}、4.41×10^{-6} 和 4.16×10^{-6} 的三个峰归属于 H3′、H4′和 H5′;它们中间出现在 6.20×10^{-6} 的峰归属于糖环中的 H1′。如图 2-8 及图 2-9 所示,把单独的 AMP 的核磁氢谱和核磁碳谱图与不同温度(60 ℃、70 ℃、80 ℃及 90 ℃)下制备的 AuNC@AMP 进行比较,其相应数据列于表 2-2 中,并且表中给出了相应的化学位移及其差异。以 80 ℃制备的 AuNC@AMP 为例,与 AMP 的核磁氢谱相比其最显著的变化是,腺嘌呤中的 H8 向高场移动 0.21×10^{-6}。这一变化说明腺嘌呤的质子化效应比其屏蔽效应更强,同时说明腺嘌呤上的部分碱基与金核表面发生了相互作用。

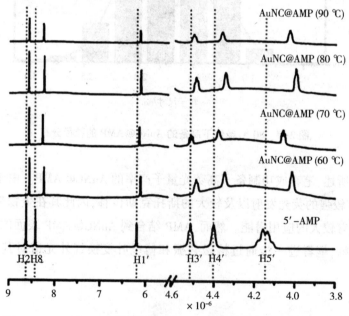

图 2-8　60~90 ℃下制备的 AuNC@AMP 以及 5′-AMP 的核磁氢谱图

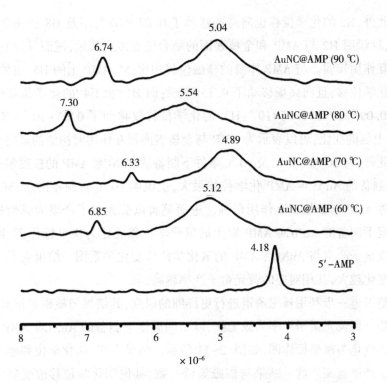

图 2-9　60~90 ℃下制备的 AuNC@ AMP 以及 5′-AMP 的核磁碳谱图

表 2-2　由 AMP 制备的 AuNC@ AMP 中氢的化学位移变化

化学位移 /10⁻⁶	5′-AMP	AuNC@ AMP (60 ℃)		AuNC@ AMP (70 ℃)		AuNC@ AMP (80 ℃)		AuNC@ AMP (90 ℃)	
	δ_0	δ	$\Delta\delta$	δ	$\Delta\delta$	δ	$\Delta\delta$	δ	$\Delta\delta$
H2	8.63	8.57	-0.06	8.58	-0.05	8.56	-0.07	8.58	-0.05
H8	8.45	8.25	-0.20	8.29	-0.16	8.24	-0.21	8.25	-0.20
H1′	6.20	6.12	-0.08	6.15	-0.05	6.11	-0.09	6.14	-0.06
H3′	4.52	4.49	-0.03	4.52	0	4.50	-0.02	4.49	-0.03
H4′	4.41	4.35	-0.06	4.39	-0.02	4.35	-0.06	4.36	-0.05
H5′	4.16	4.03	-0.13	4.07	-0.09	4.01	-0.14	4.04	-0.12

此外,H2 的化学位移也向高场移动了 0.07×10^{-6},不及 H8 的化学位移变化大,这说明 H2 与 AMP 和金核表面的结合位点距离较远,进而导致它们之间的相互作用较弱。与 AMP 本身的核磁位移相比,5′-AMP 上的 H5′也发生了较大的化学位移,且向高场移动了 0.15×10^{-6};而 H1′和 H4′的化学位移较小,分别是 0.09×10^{-6} 和 0.06×10^{-6};H3′的化学位移仅移动了 0.02×10^{-6}。对于 5′-AMP 上氢的变化,可以表示为 AMP 与金核表面相互作用时构象的最终变化。

此外,与 60 ℃、70 ℃及 90 ℃条件下制备的 AuNC@ AMP 的核磁氢谱相比,80 ℃制备的 AuNC@ AMP 化学位移最大,也说明 80 ℃时制备的 AuNC@ AMP 其配体 AMP 与金核相互作用最强。进而笔者以荧光量子产率为纵坐标,以不同温度下制备的 AuNC@ AMP 发生的氢化学位移变化为横坐标作图,图 2-10 为荧光量子产率与 AuNC@ AMP 的氢化学位移变化关系图。结果表明,氢化学位移变化越大,其相对应的荧光量子产率越高。

笔者进一步利用核磁磷谱进行更详细的研究,其结果与核磁氢谱具有相同的趋势。以荧光量子产率为纵坐标,以不同温度下制备的 AuNC@ AMP 的磷化学位移变化为横坐标作图,如图 2-11 所示。结果表明,磷化学位移越大,其荧光量子产率越高。这一结果与核磁氢谱一致,都说明化学位移改变越大,与金核表面结合能力越强,其荧光量子产率越高。笔者还利用红外光谱进一步证明了以上结论。

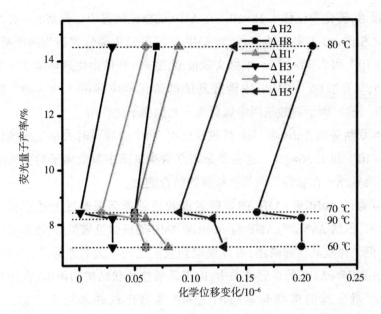

图 2-10　荧光量子产率与 AuNC@ AMP 的氢化学位移变化关系图

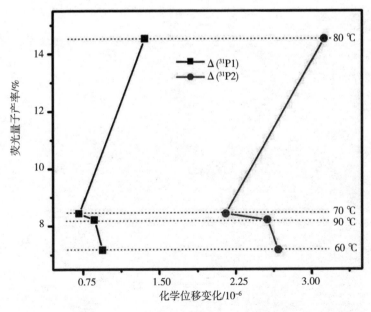

图 2-11　荧光量子产率与 AuNC@ AMP 的磷化学位移变化关系图

已报道,磷化学位移 4.18×10^{-6} 在 AMP 的核磁磷谱中是典型的—H_2PO_4 结构。与之相比,80 ℃制备的 AuNC@ AMP 核磁磷谱中磷峰劈裂为两个峰,分别为 5.54×10^{-6} 和 7.30×10^{-6}。根据文献报道,随着 pH 值由生理环境 7.4 到酸性环境 3.5,鸟苷酸(5′-GMP)中磷酸基团的磷化学位移由 3.96×10^{-6} 移动到 2.87×10^{-6},这归因于磷酸基团中氧负离子的加质子化作用。

而本章制备的 AuNC@ AMP 核磁磷谱中,两个磷峰同时大幅度向低场移动了 3.12×10^{-6} 和 1.36×10^{-6},这主要原因是磷酸基团中氧负离子的去质子化作用,特别是氧原子在金核表面具有较强的结合能力。

笔者通过 AuNC@ cAMP 的核磁氢谱和核磁磷谱来验证上述实验。如图 2-12 所示,虽然 AuNC@ cAMP 与 AuNC@ AMP 的核磁氢谱类似,氢都是向高场强移动,但是比较其核磁磷谱,可以观察到它们之间巨大的差异,如图 2-13 所示。在 AuNC@ cAMP 的核磁磷谱中,由于磷酸盐环状结构的影响,在化学位移 2.28×10^{-6} 处出现的磷峰与单独的 cAMP 磷谱比较并未发生位移,说明在 AuNC@ cAMP 配体中的环状磷酸基团不与金核表面发生作用,进而说明在 AuNC@ AMP 中,氧负离子去质子化后可能与金核表面形成了 O—Au—O 键。

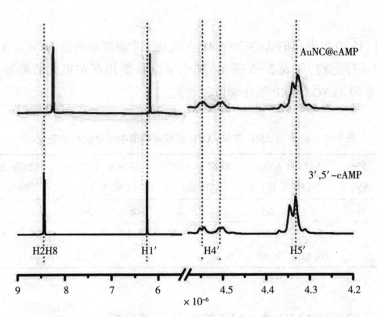

图 2-12　80 ℃下制备的 cAMP 及 AuNC@ cAMP 的核磁氢谱图

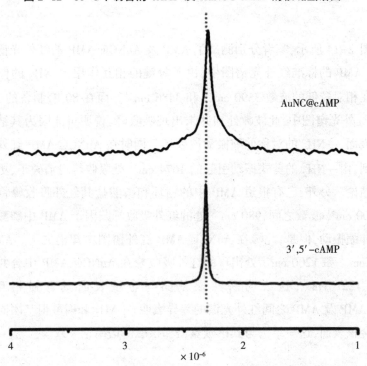

图 2-13　80 ℃下制备的 cAMP 及 AuNC@ cAMP 的核磁磷谱图

此外,将 80 ℃ 制备的 AuNC@ AMP 与其他三个温度制备的 AuNC@ AMP 的核磁磷谱进行比较,如表 2-3 所示,其化学位移变化存在很大的差异,其中 80 ℃ 制备的 AuNC@ AMP 的化学位移最大。

表 2-3　AuNC@ AMP 与 5′-AMP 的核磁磷谱中化学位移的变化

化学位移 /10^{-6}	5′-AMP	AuNC@ AMP (60 ℃)		AuNC@ AMP (70 ℃)		AuNC@ AMP (80 ℃)		AuNC@ AMP (90 ℃)	
	δ_0	δ	$\Delta\delta$	δ	$\Delta\delta$	δ	$\Delta\delta$	δ	$\Delta\delta$
^{31}P	4.18	5.12	0.94	4.89	0.71	5.54	1.36	5.04	0.86
		6.85	2.67	6.33	2.15	7.30	3.12	6.74	2.56

2.3.3　AuNC@AMP 及 AMP 的红外光谱分析

如图 2-14 所示,笔者分别测试了 AMP 及 AuNC@ AMP 的红外光谱。众所周知,在 AMP 的标准红外光谱图中,由于氢键的相互作用,—NH$_2$ 的伸缩振动会出现在相对较低的波数 3590 cm^{-1} 和 3486 cm^{-1}。而在 80 ℃ 制备的 AuNC@ AMP 的红外光谱图中,此波数处却并未出现吸收峰,说明可能因为其结合在了金核的表面,—NH$_2$ 的对称伸缩振动被破坏。同时在 AuNC@ AMP 红外光谱图中观察到,由—NH$_2$ 的剪式振动引起的 1674 cm^{-1} 处吸收峰也消失了,更加证实了上述结论。另外,已有报道 AMP 中的糖环和磷酸盐其红外吸收峰将出现在 900~1200 cm^{-1} 波数之间,980 cm^{-1} 处的红外吸收峰归因于 AMP 中磷酸根基团的对称伸缩振动,但是,此峰在 AuNC@ AMP 红外谱图中却消失了。AMP 糖环在 1223 cm^{-1} 和 1200 cm^{-1} 处出现的红外吸收峰在 AuNC@ AMP 中合并为一个吸收峰 1221 cm^{-1},这说明磷酸根基团与金核表面具有强相互作用。AuNC@ AMP 及 AMP 之间红外光谱的差异表明,—NH$_2$ 和磷酸根基团同时直接作用于金核表面,这一结论与其核磁氢谱和核磁磷谱结论一致。

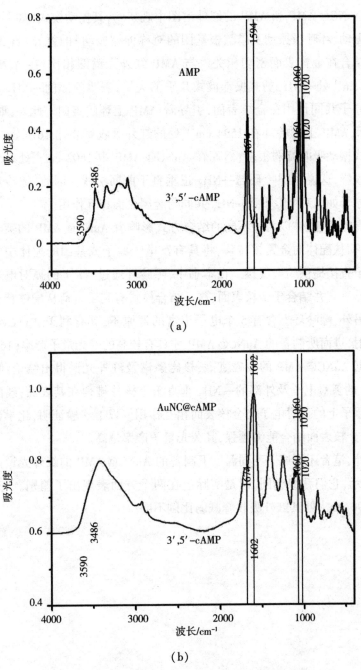

图 2-14　(a)AMP 和(b)AuNC@AMP 的红外光谱图

　　在 AuNC@ AMP 和 AMP 的红外谱图中观察到,其振动模式(如—NH$_2$ 剪式和对称振动、环呼吸振动及磷酸根基团的对称伸缩振动)的差异,与 AMP 以何种模式结合在金核表面密切相关。与 AMP 红外光谱图相比,在 AuNC@ AMP 中 1696 cm^{-1} 处—NH$_2$ 剪式振动模式几乎消失了,表明外部的—NH$_2$ 与嘌呤环上的氮原子共同作用在金核表面,引导着 AMP 上环的走向。此外,如图 2-14 (a)所示,AMP 上嘌呤环在 1594 cm^{-1} 处的红外吸收峰要比 1674 cm^{-1} 处的—NH$_2$ 剪式振动吸收峰弱很多;然而在 AuNC@ AMP 中 1602 cm^{-1} 处有个最强的红外吸收峰,这说明嘌呤环与—NH$_2$ 正垂直于曲面法线。因此,嘌呤环上可利用的氮原子如 N7 和其外部—NH$_2$ 共同与金属表面相互作用。

　　已有报道,配体以两种不同的结合方式影响着 AuNC@ AMP 的荧光发射强度,即电荷从配体向金属核转移,将具有富电子原子或基团的配体中的非定域化的电子直接提供给金属核。在本书中,嘌呤环通过 N7 上的孤对电子及外部的—NH$_2$ 垂直并结合于金核表面,这一结合模式有利于电荷从配体转移到金属中心。另外,嘌呤环上含有 5 个电子丰富的氮原子,其有利于 AuNC@ AMP 的荧光发射,进而所制备的 AuNC@ AMP 才具有较高的荧光量子产率(14.52%)。

　　根据 AuNC@ AMP 的核磁氢谱、核磁磷谱及红外光谱得出结论:嘌呤环通过 N7 上的孤对电子及外部的—NH$_2$ 垂直于金核并排列在其表面;磷酸根基团通过氧原子上的孤对电子与金核表面相互作用。以上实验证明,化学位移变化越大,与金核表面结合能力越强,其荧光量子产率越高。

　　此外,笔者还测试了不同温度下制备的 AuNC@ AMP 的红外光谱图。如图 2-15 所示,它们看似相同,但是实际上在两个方面表现出了差别。与 AMP 相比,在 990 cm^{-1} 处其红外吸收峰减弱比例不同。

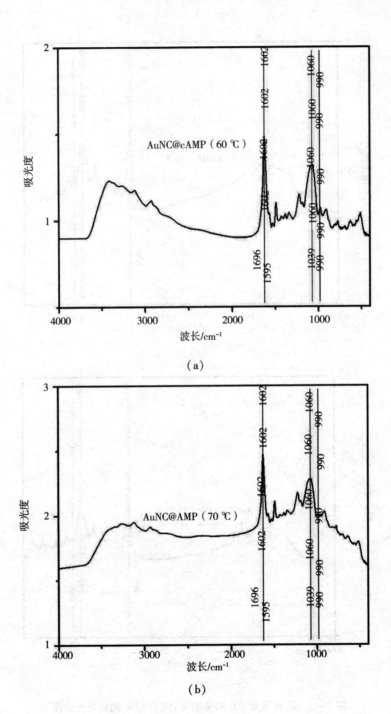

（a）

（b）

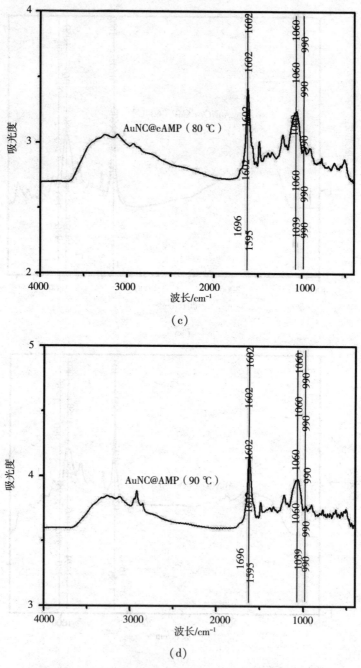

图 2-15　不同温度下所制备的 AuNC@ AMP 的红外光谱图

(a)60 ℃；(b)70 ℃；(c)80 ℃；(d)90 ℃

如表 2-3 所示,在 60 ℃、70 ℃ 和 90 ℃ 条件下制备的 AuNC@ AMP,其在 990 cm^{-1} 与 1060 cm^{-1} 的红外吸收峰强度比在 0.4 左右;而在 80 ℃ 条件下制备的 AuNC@ AMP 其强度比为 0.53。这种差异表明,磷酸根基团在 80 ℃ 下与金核表面的结合率低于其他温度制备的 AuNC@ AMP。80 ℃ 制备的 AuNC@ AMP 在 1602 cm^{-1} 处红外吸收峰强度比要高于其他温度制备的 AuNC@ AMP。上述结果表明,当反应温度为 80 ℃ 时,AuNC@ AMP 中的嘌呤环比其他温度制备的 AuNC@ AMP 更加垂直于金核表面。

表 2-3　AMP、AuNC@ AMP、cAMP 与 AuNC@ cAMP 的强度比

强度比	5′-AMP	AuNC@ AMP (60 ℃)	AuNC@ AMP (70 ℃)	AuNC@ AMP (80 ℃)	AuNC@ AMP (90 ℃)	3′,5′-cAMP	AuNC@ cAMP (80 ℃)
I_{990}/I_{1060}	0.98	0.39	0.38	0.53	0.43	—	—
I_{1602}/I_{1696}	0.40	1.24	1.35	1.48	1.13	0.23	3.9

图 2-16 为 cAMP 以及 AuNC@ cAMP 的红外光谱图。AuNC@ cAMP 中的磷酸根基团不与金核表面发生作用,促使嘌呤环更容易在金核表面直立,最终导致其具有较高的荧光量子产率(15.33%)。总之,AuNC@ AMP 荧光量子产率因制备温度不同而不同的直接原因是嘌呤环的结合能力及空间取向和磷酸根基团的结合率不同,嘌呤环越垂直于金核表面,磷酸根基团结合率越低,荧光量子产率越高。

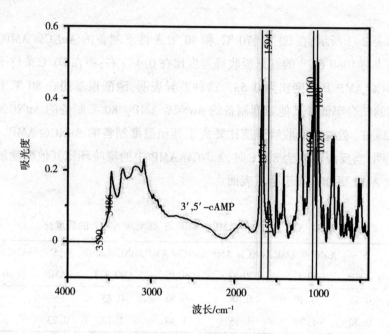

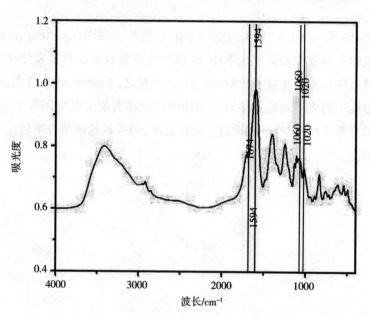

图 2-16 (a)3′,5′-cAMP 和(b)AuNC@cAMP 的红外光谱图

2.3.4　AuNC@AMP 及 AuNC@cAMP 的质谱分析

　　虽然 AuNC@AMP 的核磁氢谱、核磁磷谱及红外光谱已经证明其发光机制,但是尚未完全清晰。本书研究结果归因于金属核中的量子限制及配体到金属的电荷转移的混合贡献,但是其结合模型仍然不够清晰。因此,基于这个问题,笔者通过质谱对其进行进一步的表征。如图 2-17 所示,AuNC@AMP 的相对分子质量为 1677,最终计算出在 AuNC@AMP 粒子中金和 AMP 的比是 5:2,因此笔者合成了 Au_5AMP_2 复合物。AMP 的嘌呤环和磷酸根基团同时作用在金核表面,意味着一个 AMP 分子结合两个金原子。另外,笔者测得 AuNC@cAMP 的相对分子质量为 1775,计算出 AuNC@cAMP 粒子中金和 cAMP 的比为 4:3。根据 AuNC@cAMP 的核磁氢谱、核磁磷谱及红外光谱,只有 cAMP 上的嘌呤环与金核表面相互作用,无磷酸根基团的参与,说明在 AuNC@cAMP 中,一个 cAMP 分子结合一个金原子。因此,基于以上结论,笔者获得了 AuNC@AMP 和 AuNC@cAMP 的结合模型。

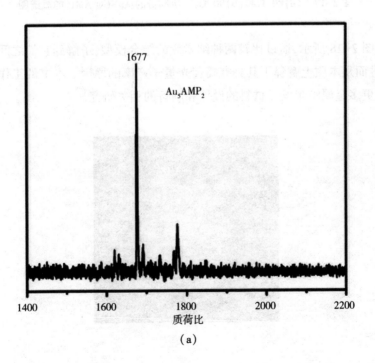

（a）

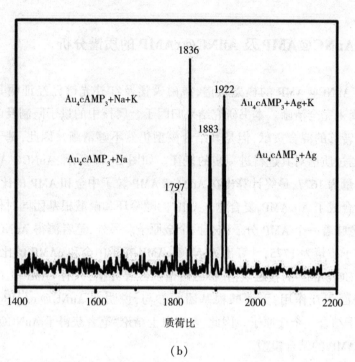

（b）

图 2-17 （a）80 ℃和（b）90 ℃ 下所制备的 AuNC@ AMP 的质谱图

　　如图 2-18 所示，通过比较两种纳米簇的结合模型，了解到它们之间的结合差异，进而从本质上解释了其具有高荧光量子产率的原因。本书的工作希望可以激发更多金属纳米发光材料的设计和制备的相关研究。

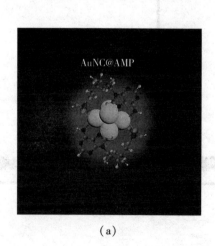

（a）

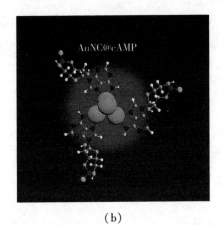

(b)

图 2-18　AuNC@ AMP 与 AuNC@ cAMP 的结构示意图

2.4　本章小节

本章以通过高温还原法制备的一系列由 AMP 及 cAMP 修饰的 AuNC 为研究重点。以提高其荧光量子产率,探索其内在结合机制为目的,主要做了以下两部分工作。

第一,制备了一种高荧光量子产率(14.52%)且具有较大的斯托克斯位移(152 nm)的 AuNC@ AMP。通过优化 AuNC@ AMP 的合成比例、时间及温度,最终得出最佳合成路线:80 ℃,氯金酸与 AMP 的比例为 1∶10,反应 1 h。对得到的 AuNC@ AMP 通过丙酮沉淀法进行纯化,最终得到纯度较高的固体粉末。利用荧光光谱、XPS 和 TEM 对 AuNC@ AMP 进行表征。通过 XPS 计算出 AuNC@ AMP 中 Au(0)和 Au(Ⅰ)的百分含量分别为 24.6%和 75.4%。通过 TEM 可以清晰地看到其内部晶格结构,统计粒径大小在 1.40~2.15 nm 之间,进而说明所制备的 AuNC@ AMP 是具有金核结构的纳米晶体材料,而不是单纯的金与 AMP 的配合物。

第二,通过测试 AuNC@ AMP 及 AuNC@ cAMP 的质谱、核磁氢谱、核磁磷谱和红外光谱来探索其结合机制。结果表明,影响 AuNC@ AMP 的荧光量子产率的主要因素是 AMP 上的嘌呤环和磷酸根基团与金核表面的结合能力以及嘌呤环的空间取向。嘌呤环结合能力越强,越垂直于金核表面,磷酸根基团结合能力越弱,其荧光量子产率越高。本章的研究揭示了金属与配体中的富电子原子(如氮和氧)或富电子基团(如—NH$_2$)的结合能够促进 AuNC 的荧光发射,其对 AuNC 的制备和实际应用具有重要的意义。

第 3 章　以 AMP 保护的 AuNC 为荧光探针的乳酸脱氢酶检测研究

3.1　引言

  AuNC 现已成为重要的纳米材料之一,其具有显著的光学性能、稳定的化学性质、良好的生物相容性及光催化性等。基于 AuNC 这些优异的特性,其在生物传感、成像方面成功地取代了量子点和有机发色基团,成为新型荧光分子。AuNC 的应用从早期的体外检测发展到如今的细胞内检测、体内靶向成像,可见其在多功能生物传感方面已被广泛使用。2013 年,Qiao 等人以叶酸作为靶标使配体保护的 AuNC 成像在海拉细胞中;2015 年,An 等通过特异性肽链段保护的 AuNC 抑制硫氧还蛋白还原酶 1(TrxR1)的还原活性,进而打破了 AuNC 在生物医学应用中的局限性;同年,Zhang 等人制备出具有可控光学性能的 AuNC,应用于传感离子及荧光印迹方面。尽管目前对于 AuNC 的合成、修饰、表征及应用都已取得了重大科学成果,但是仍然存在问题需要我们进一步探索完善。例如,较低的荧光量子产率、生物体内的检测限偏低尤其是临床诊断方面。

  乳酸脱氢酶(LDH)是动物、植物及原核生物中普遍表达的一种酶,几乎存在于所有活的组织和细胞中。LDH 主要生物学功能为:在厌氧条件下,作为一种质子转移酶,可以还原烟酰胺腺嘌呤二核苷酸(NAD),进而完成乳酸盐和丙酮酸盐之间的转化。此外,在受伤组织中 LDH 会被过量释放,因此它是对于某些疾病检测的重要生物靶标。虽然检测 LDH 含量的试剂盒已大批量投入生产并广泛应用于临床诊断中,但是由于其价格昂贵且不能长时间储存在 4 ℃(< 1 周)下,因此探索检测 LDH 的新方法至关重要。目前,在已报道的检测方法中,

以 AuNC 为荧光探针检测 LDH 的方法以其快速简便、无毒、高灵敏性等优势位列前茅。

本章笔者制备了以 AMP 为配体保护的 AuNC@ AMP,其荧光量子产率可达 14.52%。通过这种 AuNC@ AMP 对 LDH 进行定量检测,获得了较宽的检测范围($50 \sim 1000$ nmol·L^{-1}),且其检测限可达到 0.2 nm(26 pg·μL^{-1}, 0.8 U·L^{-1})。实验表明,这种检测手段不仅具有高灵敏性且具有较好的选择性和抗干扰能力。同时,笔者使用这种方法在稀释后的牛血清中定量地检测了 LDH 并得到了良好的线性响应。最后,对其响应机理进行了详细的研究探讨,其对于新型荧光探针在临床诊断方面的未来发展有着重要的意义。

3.2　材料与方法

3.2.1　试剂与药品

本章所使用的药品及试剂为氯金酸($HAuCl_4$)99%、磷酸二氢钠(NaH_2PO_4)99%、磷酸氢二钠(Na_2HPO_4)99%、兔肌乳酸脱氢酶(rLDH)、牛血清白蛋白(BSA)、人血清白蛋白(HSA)、溶菌酶(Lys)、胰蛋白酶(Try)、糜蛋白酶(CTRA)、胎牛血清,所涉及试剂均为化学纯。

3.2.2　仪器设备

本章所使用的仪器有 RF-5301PC 荧光光谱仪:光路狭缝 5-5,激发波长 328 nm。光源:150 W 氙灯,扫描范围 $380 \sim 680$ nm,1 cm×1 cm 1 mL 石英比色皿。UV-3600 紫外可见近红外分光光度计:光路狭缝 2 nm,采样速度中速,采样间隔 0.1 nm,扫描范围 $700 \sim 240$ nm。

3.2.3　样品制备

3.2.3.1　AuNC@ AMP 的制备

取 2 mL 10 mmol·L⁻¹的 HAuCl₄ 溶液加入 50 mL 的圆底烧瓶中,再向其中加入 69.4 mg AMP 和 17.2 mL 去离子水。室温搅拌 2 min 后,向其中加入 800 μL 0.5 mol·L⁻¹的还原剂柠檬酸钠;加热 80 ℃搅拌 1 h,获得 AMP 保护的 AuNC@ AMP。AuNC@ AMP 的激发波长为 328 nm,发射波长为 480 nm,荧光量子产率为 14.52%(以硫酸奎宁为参比)。

3.2.3.2　AuNC@ AMP 荧光稳定性的测试

将 10 μL 1 mmol·L⁻¹的 AuNC@ AMP 加入到 990 μL PB(20 mmol·L⁻¹, pH=7.4)缓冲溶液中稀释为 10 μmol·L⁻¹的 AuNC@ AMP 溶液。首先,室温条件下测试 AuNC@ AMP 的荧光强度;其次,将其放入 37 ℃的恒温箱中孵育 1 h 后测试其荧光强度;最后,将其放在室温下 1 h 后测试其荧光强度。重复上述步骤 3~4 次,以测试 AuNC@ AMP 的荧光稳定性。

3.2.3.3　响应时间的优化

取 10 μL 1 mmol·L⁻¹的 AuNC@ AMP 用 980 μL PB(20 mmol·L⁻¹, pH=7.4)缓冲溶液中稀释为 10 mmol·L⁻¹的 AuNC@ AMP 溶液。向稀释后的 AuNC@ AMP 中加入 10 μL 1 mmol·L⁻¹的 rLDH,最终 rLDH 的浓度为 2.0 μmol·L⁻¹。立刻测试其在室温及 37 ℃下的荧光强度。根据时间的延长观察其荧光猝灭程度,最终确定最佳猝灭时间。

3.2.3.4　rLDH 浓度响应范围的样品制备

分别取 1 μL、10 μL 上述所制备的 AuNC@ AMP 原液,加入 999 μL 和 990 μL PB(20 mmol·L⁻¹, pH=7.4)缓冲溶液,稀释为 1 μmol·L⁻¹、10 μmol·L⁻¹的 AuNC@ AMP 溶液。首先向 1 μmol·L⁻¹的 AuNC@ AMP 中分别加入不同量的 rLDH 使其最终浓度分别达到 5 nmol·L⁻¹、7 nmol·L⁻¹、9 nmol·L⁻¹、

10 nmol·L^{-1}、15 nmol·L^{-1}、20 nmol·L^{-1}、30 nmol·L^{-1}、40 nmol·L^{-1}、45 nmol·L^{-1}、50 nmol·L^{-1}、55 nmol·L^{-1}、60 nmol·L^{-1}、65 nmol·L^{-1}、70 nmol·L^{-1}、75 nmol·L^{-1}、80 nmol·L^{-1}、90 nmol·L^{-1}、100 nmol·L^{-1}、120 nmol·L^{-1}、140 nmol·L^{-1}、160 nmol·L^{-1}、180 nmol·L^{-1}及200 nmol·L^{-1}。再向 10 μmol·L^{-1} 的 AuNC@AMP 中加入 50 nmol·L^{-1}、100 nmol·L^{-1}、150 nmol·L^{-1}、200 nmol·L^{-1}、250 nmol·L^{-1}、300 nmol·L^{-1}、400 nmol·L^{-1}、500 nmol·L^{-1}、600 nmol·L^{-1}、700 nmol·L^{-1}、800 nmol·L^{-1}、900 nmol·L^{-1}、1000 nmol·L^{-1}、1200 nmol·L^{-1}、1400 nmol·L^{-1}、1600 nmol·L^{-1}、1800 nmol·L^{-1}、2000 nmol·L^{-1}及 2500 nmol·L^{-1} 的 rLDH。测试两种浓度响应曲线,最终得到 AuNC@AMP 对 rLDH 的检测限。

3.2.3.5　抗干扰能力和选择性检测的样品制备

取 10 μL 上述制备的 AuNC@AMP 溶液,使用 PB(20 mmol·L^{-1}, pH = 7.4)缓冲溶液稀释为 10 μmol·L^{-1} 的 AuNC@AMP 溶液。再向其中加入不同种类的蛋白(BSA、HSA、Trypsin、CTRA、Lysozyme 和 rLDH),使其最终浓度均为 2 μmol·L^{-1};37 ℃恒温箱孵育 2 h 后,测试其荧光强度,观察其对 rLDH 的选择性。向六组相同的 10 μmol·L^{-1} 的 AuNC@AMP 溶液中均加入 rLDH,使其终浓度为 2 μmol·L^{-1};37 ℃恒温箱孵育 2 h 后,再向其中分别加入 2 μmol·L^{-1} 以上不同种类的蛋白。测试其荧光强度变化,观察其抗干扰能力。

3.3　实验结果与讨论

3.3.1　AuNC@AMP 对 rLDH 的定量检测

如图 3-1 所示,AuNC@AMP 在 365 nm 的紫外灯照射下发蓝绿光,以激发波长 328 nm 激发 10 μmol·L^{-1} AuNC@AMP 溶液,其发射峰在 480 nm 处。室温条件下向 10 μmol·L^{-1} 的 AuNC@AMP 溶液中加入 2 μmol·L^{-1} 的 rLDH,随着时间的推移其荧光产生线性猝灭。

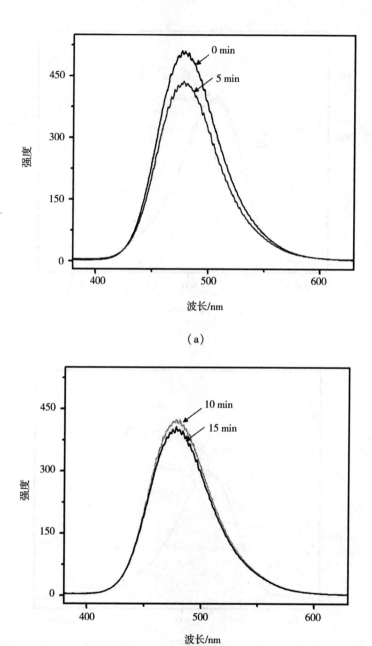

（a）

（b）

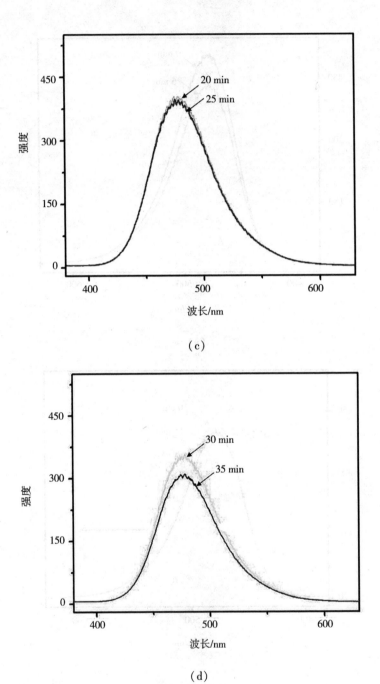

（c）

（d）

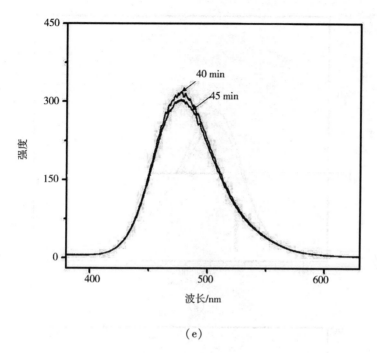

（e）

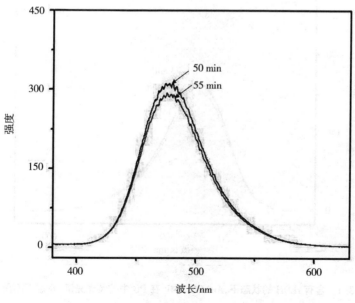

（f）

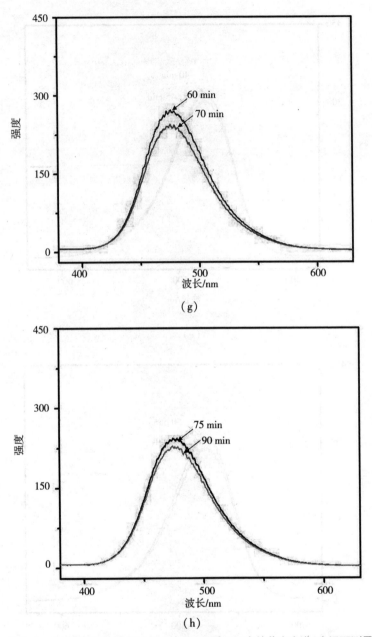

(g)

(h)

图 3-1　含有 rLDH 的状态下，AuNC@ AMP 在 PB 中的荧光光谱(室温下测量)
(a)0 min, 5 min; (b)10 min, 15 min; (c)20 min, 25 min; (d)30 min, 35 min;
(e)40 min, 45 min; (f)50 min, 55 min; (g)60 min, 70 min; (h)75 min, 90 min

如图 3-2 所示,最终在 3 h 后其荧光强度猝灭了 70% 左右,且在紫外灯照射下,可清晰地看到溶液由蓝绿色变为无色。结果表明,在温和简单的条件下,rLDH 就可以使 AuNC@AMP 发生荧光猝灭,但是其荧光猝灭需要较长的响应时间(>160 min)。因此为了提高检测灵敏度,笔者对其响应温度进行了优化,由于本章节中涉及在血清中检测 LDH,为了与人体内环境更加匹配,最终采用 37 ℃ 孵育一段时间后来检测其荧光猝灭程度。首先,需要检测 AuNC@AMP 在室温和 37 ℃ 条件下荧光强度的变化及其荧光的可恢复性。

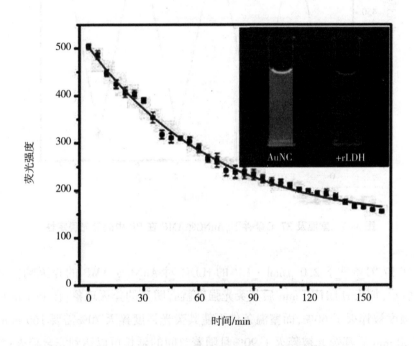

图 3-2　480 nm 处相应荧光发射强度的变化,插图为 AuNC@AMP
在 365 nm 处 rLDH 存在及非存在下的荧光照片

图 3-3 为室温及 37 ℃ 条件下,AuNC@AMP 在 PB 中的荧光稳定性。如图所示,虽然在 37 ℃ 下 AuNC@AMP 的荧光会有略微猝灭,但是当温度恢复到室温时其荧光也会随之恢复。说明在不断升温降温的过程中,AuNC@AMP 的发光性能具有良好的可恢复性,并且在经过几个循环过程后,仍然可以保持其发光性能,进而也说明 AuNC@AMP 具有良好的稳定性。因此笔者在接下来的实

验中,分别测试 AuNC@ AMP 和 rLDH 在室温和 37 ℃ 下的猝灭响应。

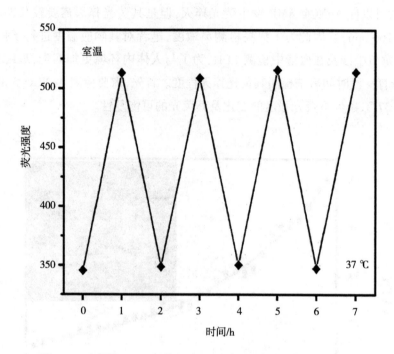

图 3-3　室温及 37 ℃ 条件下, AuNC@ AMP 在 PB 中的荧光稳定性

在 37 ℃ 条件下 2.0 μmol · L^{-1} 的 rLDH 对 AuNC@ AMP 的猝灭响应如图 3-4 所示,加入 rLDH 10 min 后其荧光强度就有明显的猝灭现象;在 15 min 后其荧光强度被猝灭了 60%,而室温条件下使其荧光强度猝灭 70% 需要 160 min;在孵育 30 min 后其荧光被猝灭了 90% 且随着时间的延长可以达到完全猝灭;然而在室温条件下,其荧光猝灭最多可达到 70%,如果使其完全猝灭,那么需要长达 2 天的时间。

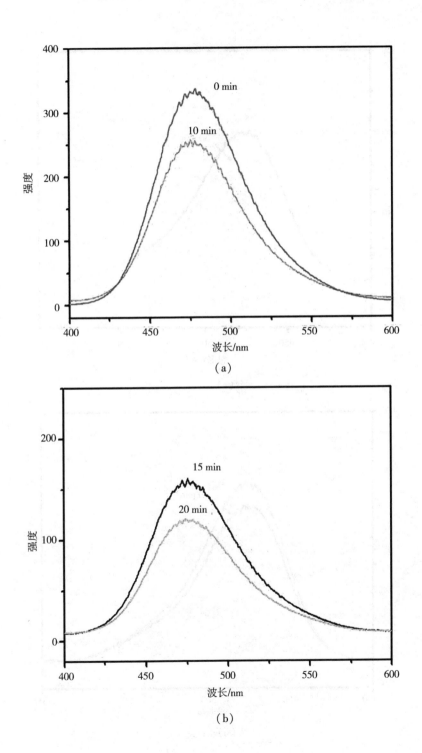

(a)

(b)

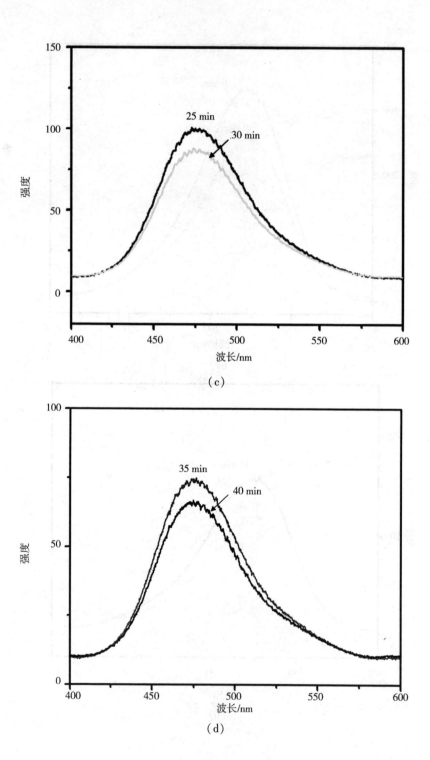

（c）

（d）

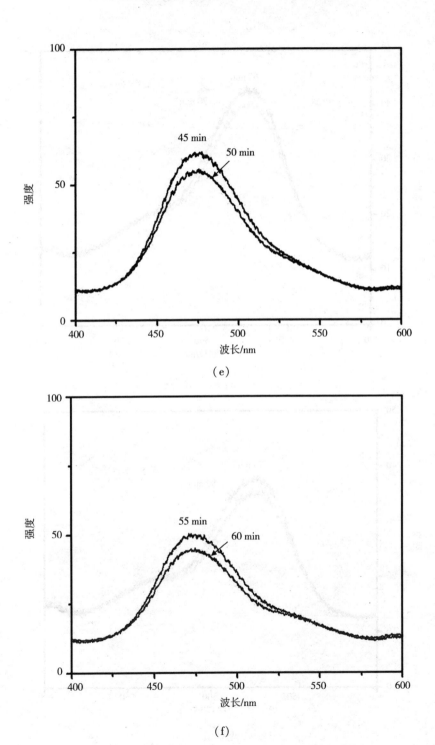

（e）

（f）

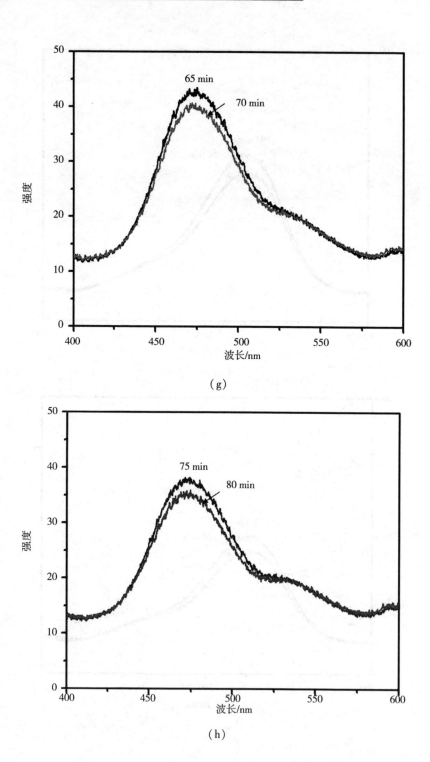

（g）

（h）

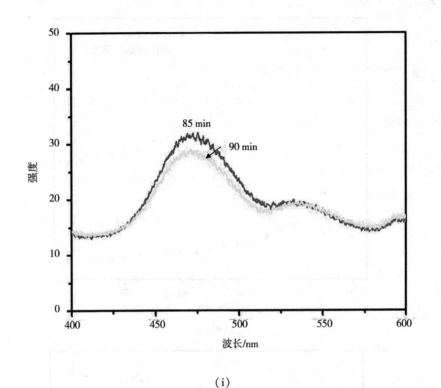

（i）

图 3-4　AuNC@ AMP 添加 rLDH 后, 在 PB 中不同时间的荧光光谱

（a）0 min, 10 min;（b）15 min, 20 min;（c）25 min, 30 min;（d）35 min, 40 min;

（e）45 min, 50 min;（f）55 min, 60 min;（g）65 min, 70 min;

（h）75 min, 80 min;（i）85 min, 90 min

　　结果显示, 此方法大幅度提高了灵敏度, 如图 3-5 所示, 相同浓度的 rLDH 对 AuNC@ AMP 的荧光猝灭在 37 ℃ 要比室温条件下猝灭迅速。因此, 为了节省时间, 我们采用 37 ℃ 孵育 30 min 的方法来完成 AuNC@ AMP 对 rLDH 及其他蛋白的一系列检测。

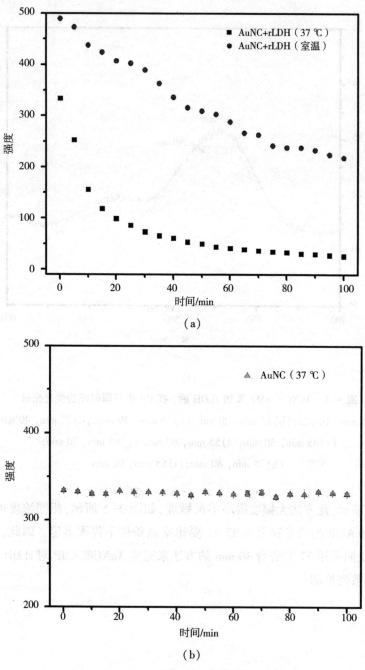

（a）

（b）

图 3-5　AuNC@ AMP 在 480 nm 处的荧光变化

（a）AuNC+rLDH；（b）AuNC

如图 3-6 所示,笔者对 rLDH 的浓度响应范围进行了测试。在此猝灭过程中,AuNC@ AMP 的发射峰位随着 rLDH 的加入略微蓝移。当 rLDH 的浓度达到 250 nmol·L^{-1} 时,其荧光强度猝灭了 50%;而当 rLDH 的浓度升高到 1.0 μmol·L^{-1} 时,其荧光完全猝灭。

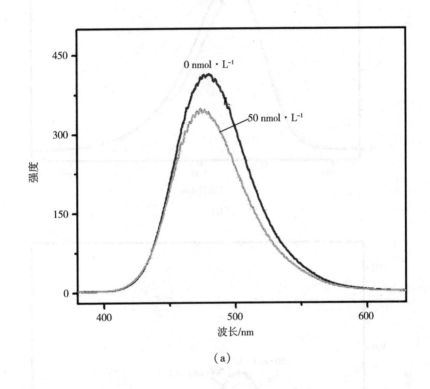

（a）

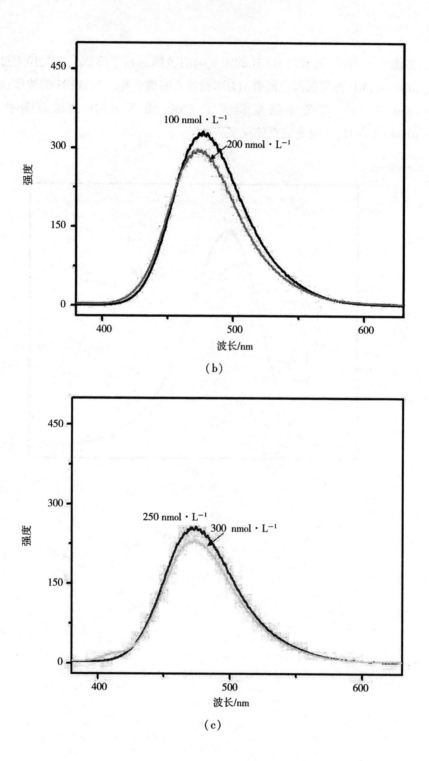

（b）

（c）

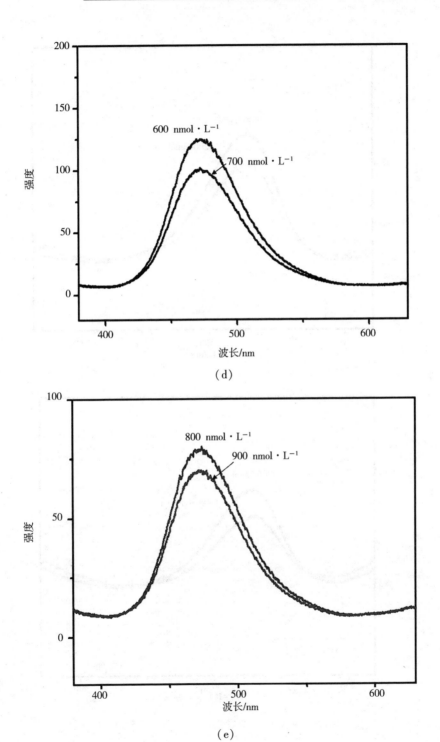

（d）

（e）

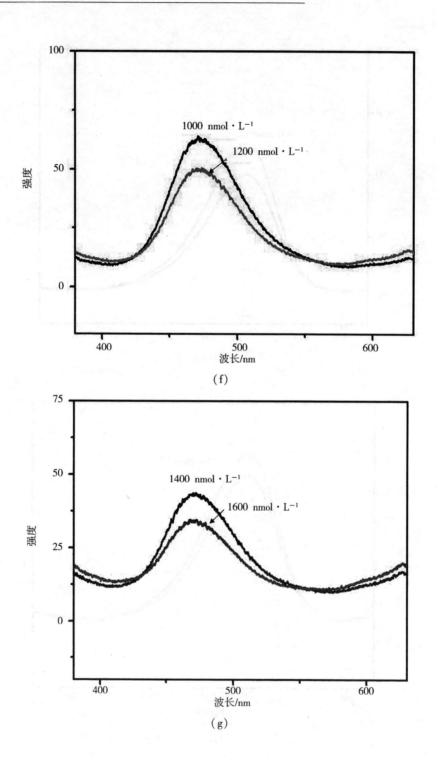

（f）

（g）

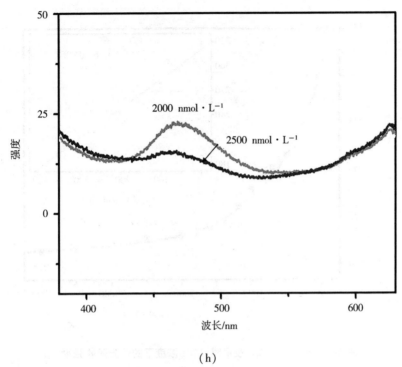

(h)

图 3-6　37 ℃条件下,在 AuNC@AMP 中添加不同量 rLDH 的荧光光谱

(a) 0 nmol · L^{-1}, 50 nmol · L^{-1};(b) 100 nmol · L^{-1}, 200 nmol · L^{-1};(c) 250 nmol · L^{-1},

300 nmol · L^{-1};(d) 600 nmol · L^{-1}, 700 nmol · L^{-1};(e) 800 nmol · L^{-1}, 900 nmol · L^{-1};

(f) 1000 nmol · L^{-1}, 1200 nmol · L^{-1};(g) 1400 nmol · L^{-1}, 1600 nmol · L^{-1};

(h) 2000 nmol · L^{-1}, 2500 nmol · L^{-1}

笔者以 480 nm 的发射峰强度为 y 轴,以加入的 rLDH 的终浓度为 x 轴作图,如图 3-7 所示,最终,确定了其浓度检测范围是 50 ~ 1000 nmol · L^{-1} (200~4000 U · L^{-1})。如图 3-7 中的插图所示,当 rLDH 的浓度在 50~400 nmol · L^{-1} 之间时,AuNC@ AMP 的荧光强度与加入的 rLDH 浓度呈现出良好的线性关系(R^2 =0. 9967)。

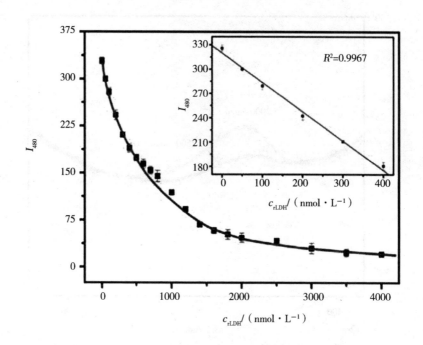

图 3-7　AuNC@ AMP 在不同 rLDH 浓度下的荧光吸收强度

　　因此,当 rLDH 的浓度范围在 50~1000 nmol · L^{-1} 之间或者更高浓度时,可以通过 AuNC@ AMP 对其进行定量检测。然而在上述检测 rLDH 的过程中,AuNC@ AMP 的浓度为 10 μmol · L^{-1}(3.0 mg · L^{-1})。由于 AuNC@ AMP 浓度过高,因此认为其对 rLDH 的定量检测并不具备一个良好的灵敏性。为了这种检测手段可以被广泛应用在临床试验中,提高其灵敏性势在必行。因此,笔者决定把 AuNC @ AMP 的浓度在上述条件下稀释 10 倍(即 1 μmol · L^{-1} 0.30 mg · L^{-1})对 rLDH 进行检测。如图 3-8 所示,rLDH 的浓度由 5.0 nmol · L^{-1} 逐渐升高到 200 nmol · L^{-1} 过程中,AuNC@ AMP 的发射峰位略微蓝移且荧光逐渐猝灭。当 rLDH 的浓度为 5.0 nmol · L^{-1} 时,荧光开始猝灭,而当 rLDH 的浓度升高到 100 nmol · L^{-1} 时,AuNC@ AMP 的荧光完全猝灭(100%)。

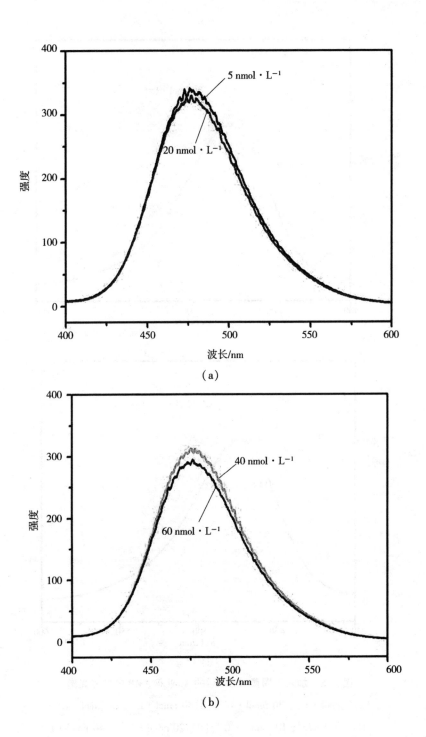

（a）

（b）

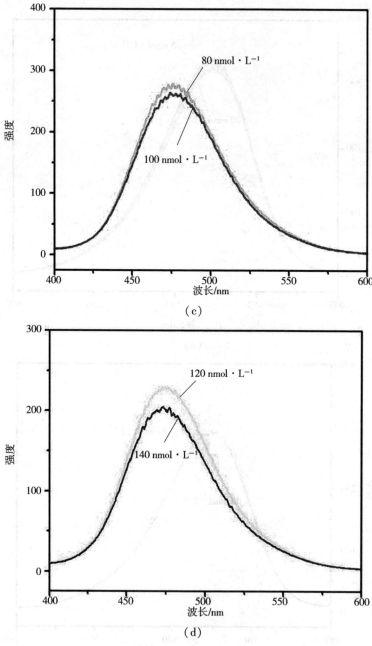

图 3-8　加入不同量 rLDH 后的 AuNC@ AMP 的荧光光谱

(a) 5 nmol · L^{-1}, 20 nmol · L^{-1}; (b) 40 nmol · L^{-1}, 60 nmol · L^{-1};

(c) 80 nmol · L^{-1}, 100 nmol · L^{-1}; (d) 120 nmol · L^{-1}, 140 nmol · L^{-1}

如图 3-9 所示,以 480 nm 的发射峰强度为 y 轴,以 rLDH 的浓度为 x 轴作浓度响应曲线。当 rLDH 的浓度范围在 $2.0 \sim 100$ nmol·L^{-1}($8.0 \sim 400$ U·L^{-1})时,其显示出良好的线性关系($R^2 = 0.9965$),且 AuNC@AMP 对 rLDH 的最低检测限可达到 0.2 nmol·L^{-1}(26 pg·μL^{-1}, 0.8 U·L^{-1})。以上实验表明,目前情况下对 rLDH 进行微量检测成为可能。

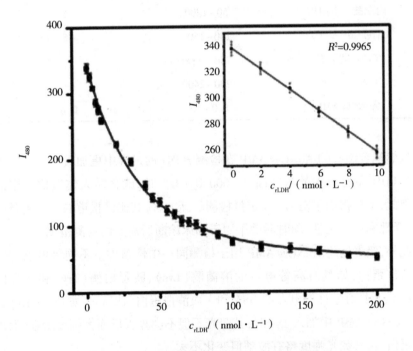

图 3-9　AuNC@AMP 对应不同浓度 rLDH 的荧光强度

本章将 AuNC@AMP 对 rLDH 的检测与分子信标 DNA 分子、多孔硅微腔材料、丙酮酸盐和烟酰胺腺嘌呤二核苷酸(NADH)还原反应、CdTe/CdS 量子点等材料对 rLDH 的检测进行了对比,如表 3-1 所示。Yang 等人合成了一种基于 CdTe 量子点对 rLDH 具有高选择性,并根据线性响应关系获得其对 rLDH 的浓度检测范围是 $250 \sim 6000$ U·L^{-1}。He 等人制备了一种 CdSe 量子点对 rLDH 具有高灵敏性,最终根据其对 rLDH 线性响应获得相应的浓度检测范围是 $200 \sim$

2400 U·L^{-1},比前者的检测范围略有提高,同时在血清中 rLDH 的响应范围为 100~300 U·L^{-1}。

表 3-1　不同材料测定 rLDH 含量的对比

样品	检测区间/(U·L^{-1})	检测限/(U·L^{-1})
分子信标 DNA 分子	—	40
多孔硅微腔	160~6500	80
丙酮酸 + NADH	50~1200	31
CdTe/CdS 量子点	150~1500	75
CdTe 量子点	250~6000	—
CdSe 量子点	200~2400	—
AuNC@ AMP	8.0~400	0.8

　　显然笔者制备的 AuNC@ AMP 在检测 rLDH 的过程中更加具有优势。据报道,当 rLDH 在血液中的浓度高于 1000 U·L^{-1} 时,就会对人体造成一定的伤害。因此,本章提出了对 rLDH 定量检测的新方法,其比已报道的方法更具灵敏性、选择性和抗干扰性;同时涵盖了用于临床诊断所需的检测范围。

　　此外,笔者还将 AuNC@ AMP 用于检测同一中性条件下不同等电点(pI)的其他市售蛋白,如具有高等电点的溶菌酶(Lys)、胰蛋白酶(Try)和糜蛋白酶(CTRA),及具有酸性等电点的 BSA 和人血清白蛋白(HSA)。如图 3-10 所示,当向 AuNC@ AMP 中加入 Lys 时,其荧光不但不会猝灭反而大幅度增强;而加入其他蛋白后,其荧光强度略有波动但变化不大。

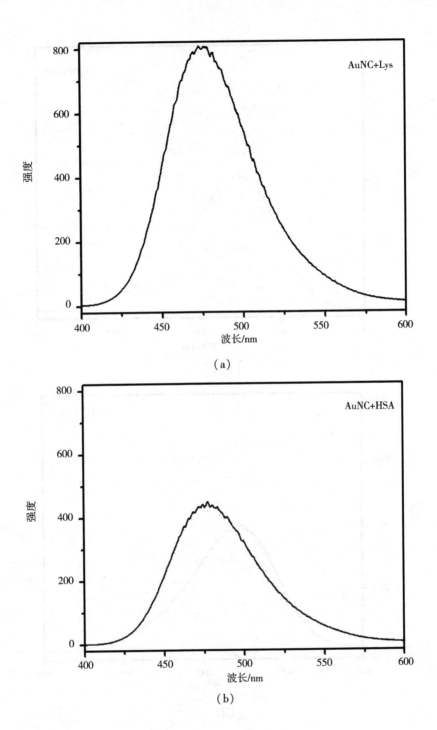

（a）

（b）

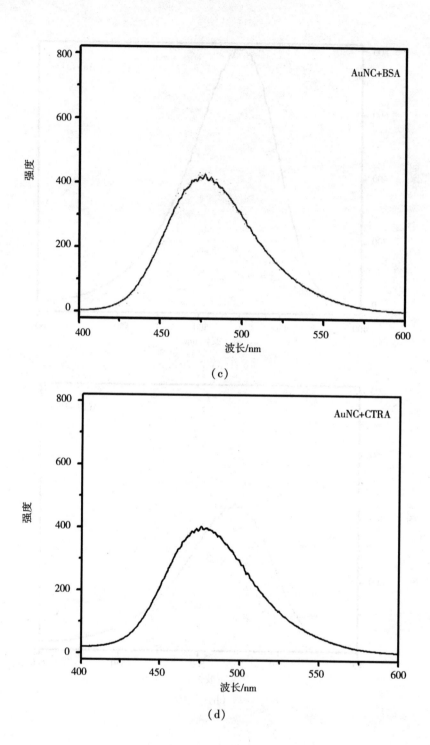

（c）

（d）

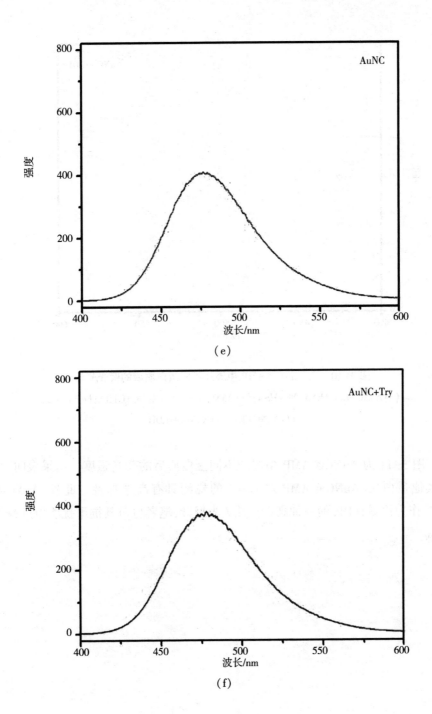

（e）

（f）

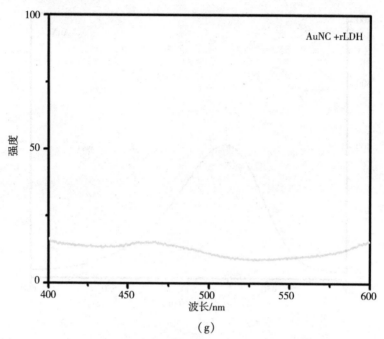

（g）

图 3-10　在 AuNC@ AMP 中添加不同蛋白质后的荧光光谱

（a）AuNC+Lys；（b）AuNC+HSA；（c）AuNC+BSA；（d）AuNC+CTRA；（e）AuNC；

（f）AuNC+Try；（g）AuNC +rLDH

　　图 3-11 为 AuNC@ AMP 中添加不同蛋白质后的荧光强度。结果表明，相比其他蛋白质，AuNC@ AMP 对 rLDH 的检测具有高选择性。此外，AuNC@ AMP 作为检测 rLDH 的一种高选择性荧光探针，笔者也对其抗干扰能力进行了测试。

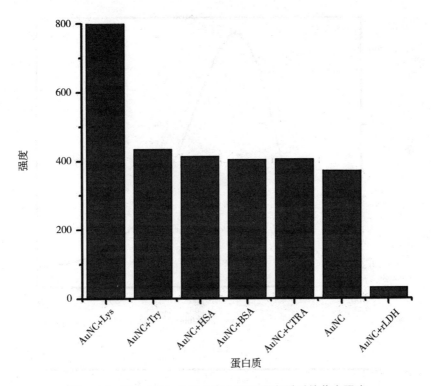

图 3-11　在 AuNC@ AMP 中添加不同蛋白质后的荧光强度

　　笔者对含有不同蛋白质的 AuNC@ AMP 的荧光强度进行了测试,如图 3-12 所示。结果表明,所加入的蛋白质种类不同,荧光强度会有很大的变化,其中加入 AuNC +rLDH 的荧光发射强度最低,说明 AuNC@ AMP 与其作用力较弱。

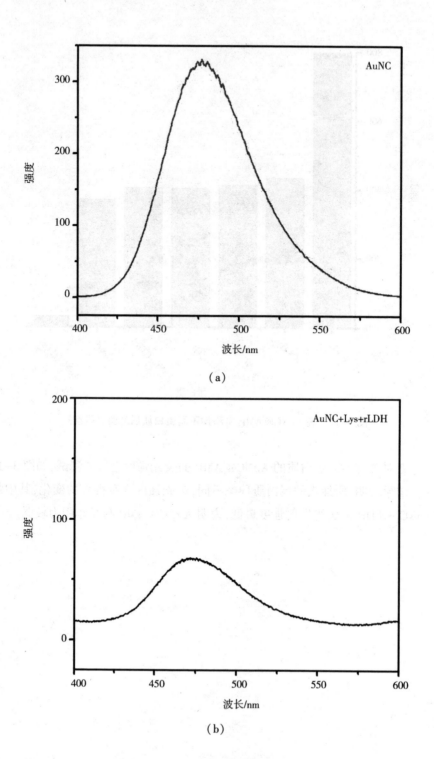

（a）

（b）

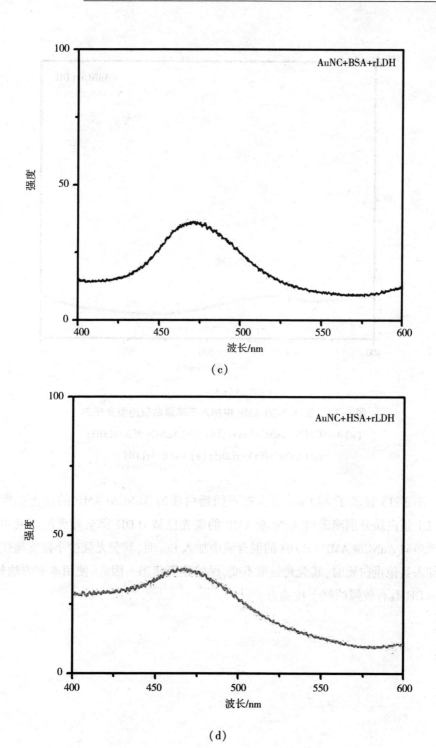

（c）

（d）

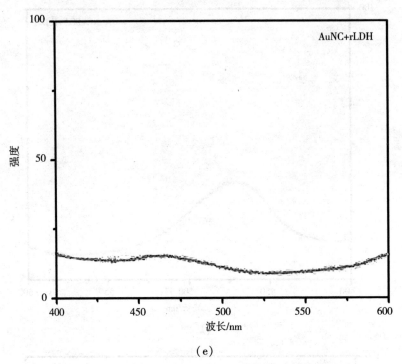

（e）

图 3-12　在 AuNC@ AMP 中加入不同蛋白质的荧光光谱
（a）AuNC；（b）AuNC+Lys+rLDH；（c）AuNC+BSA+rLDH；
（d）AuNC+HSA+rLDH；（e）AuNC +rLDH

　　图 3-13 显示了 480 nm 处含有不同蛋白质的 AuNC@ AMP 的荧光强度。将以上蛋白质分别滴定到 AuNC@ AMP 的荧光已被 rLDH 完全猝灭的溶液中，发现当向 AuNC@ AMP –rLDH 的混合液中加入 Lys 时，其荧光强度小幅度增强，而加入其他蛋白质时，其荧光强度不变，保持猝灭状态。因此，使用本书方法检测 rLDH 具有较强的抗干扰能力。

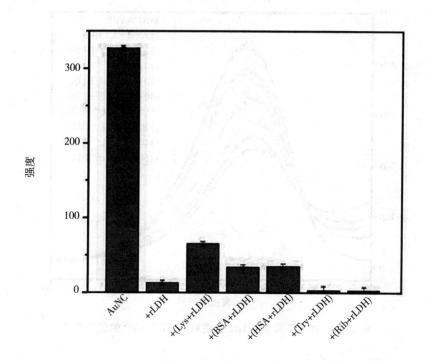

图 3-13　480 nm 处含有不同蛋白质的 AuNC@ AMP 的荧光强度

在相同条件下,将 AuNC@ AMP 应用于检测人乳酸脱氢酶(HLDH)。图 3-14 为加入不同含量 HLDH(5.0~160 nmol·L^{-1})前后 AuNC@ AMP 的荧光光谱,图 3-15 为其对应的荧光强度变化。将浓度为 5.0~160 nmol·L^{-1} 的 HLDH 滴定到 10 μmol·L^{-1} 的 AuNC@ AMP 缓冲溶液中,AuNC@ AMP 的发射峰位略微蓝移且荧光强度随着 HLDH 浓度的升高而迅速猝灭;当 HLDH 的浓度达到 160 nmol·L^{-1} 时,其荧光强度被猝灭 60%,说明其对 HLDH 也具有较低的检测限,并且通过对 480 nm 发射峰强度和 HLDH 的浓度作图,得到了很好的线性关系(R^2 =0.9986)。结果表明,这种利用 AuNC@ AMP 检测 HLDH 的方法同时也适用于对 rLDH 的检测(尽管这种方法不能区分不同类型的 rLDH,但是其对于检测 rLDH 仍具有良好的广谱性)。

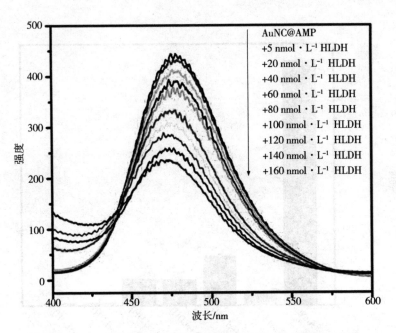

图 3-14　加入不同含量 HLDH 前后 AuNC@ AMP 的荧光光谱

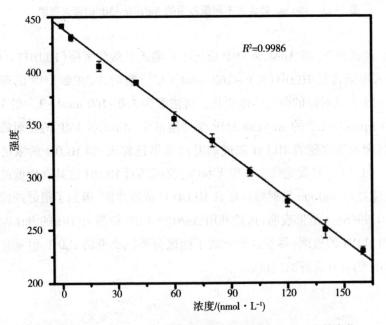

图 3-15　AuNC@ AMP 的荧光强度随不同浓度 HDLH 的变化

　　为了验证该方法在临床诊断中的实践性,笔者使用 AuNC@ AMP 对血清中的 rLDH 进行了定量检测。如图 3-16 所示,在含有 1% 的牛血清的 AuNC@ AMP 溶液中,随着 rLDH 浓度的升高其荧光强度迅速猝灭。

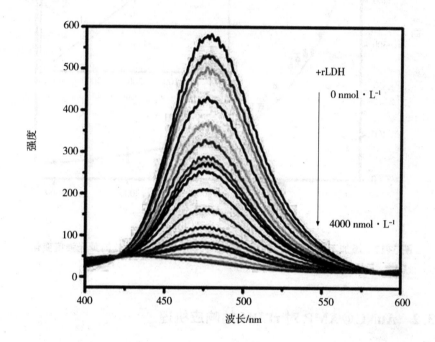

图 3-16　加入不同浓度 rLDH 后 AuNC@ AMP 的荧光光谱

　　为了验证不同浓度 rLDH 对其荧光量子产率的影响,笔者对添加 rLDH 后 AuNC@ AMP 在 480 nm 处的荧光强度进行了测定。如图 3-17 所示,以 480 nm 发射峰强度为 y 轴 rLDH 的浓度为 x 轴作图,可获得良好的线性响应($R^2 = 0.9967$)并计算出 AuNC@ AMP 对血清中 rLDH 的检测限为 10 nmol·L^{-1}（40 U·L^{-1}）。这种检测灵敏性足以在实际应用中对 rLDH 进行定量检测(血液中 rLDH 正常浓度为 100~300 U·L^{-1})。因此,该方法对某些常见损伤性疾病患者的实际血液样本的检测具有潜在的临床诊断应用价值。

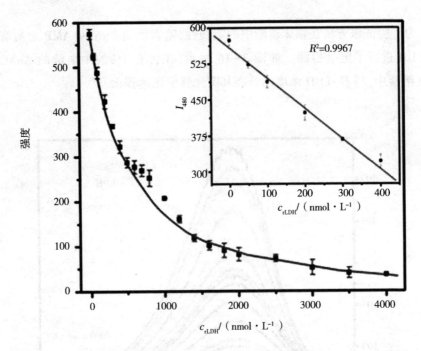

图 3-17   添加不同浓度 rLDH 后,AuNC@ AMP 在 480 nm 处的荧光强度变化

3.3.2   AuNC@ AMP 对 rLDH 的响应机理

在本节中,笔者对利用 AuNC@ AMP 检测 rLDH 的含量所引起的荧光猝灭现象进行了详细的探索研究。首先,采用紫外-可见吸收光谱监测了向 AuNC@ AMP 中加入 rLDH 后,随着时间的延长其紫外吸收峰的变化。如图 3-18 所示,加入 rLDH 后随着反应时间的延长,在 279 nm 处出现一个紫外吸收峰,且 260 nm 处的紫外吸收峰逐渐增强并发生蓝移,而 300 nm 处的紫外吸收峰逐渐减弱。这种现象表明,rLDH 的介入使 AuNC@ AMP 的表面电荷能量发生了变化。

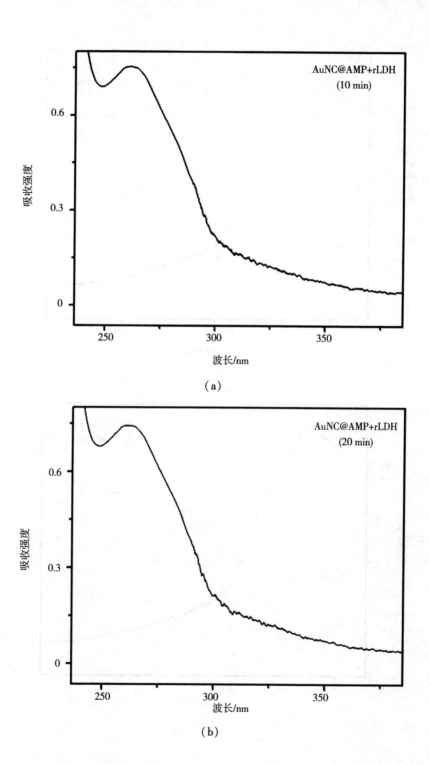

（a）

（b）

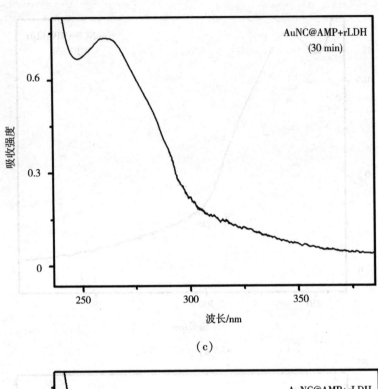

（c）

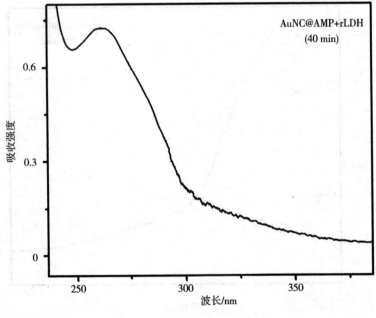

（d）

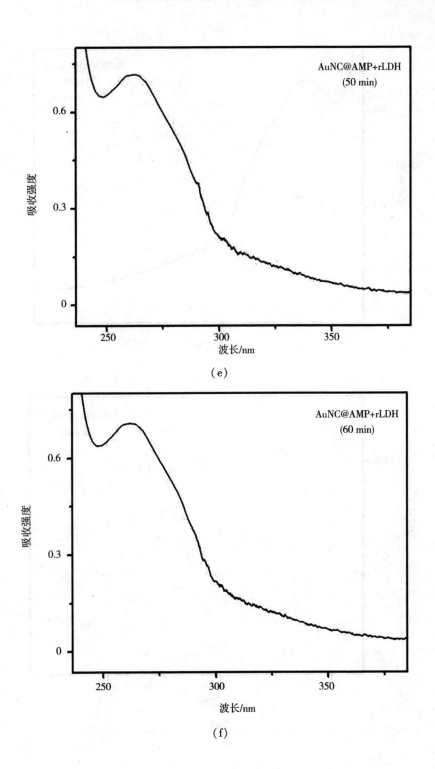

（e）

（f）

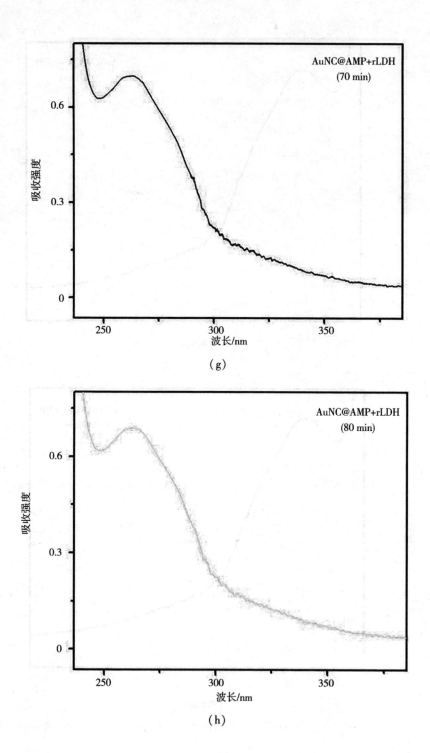

（g）

（h）

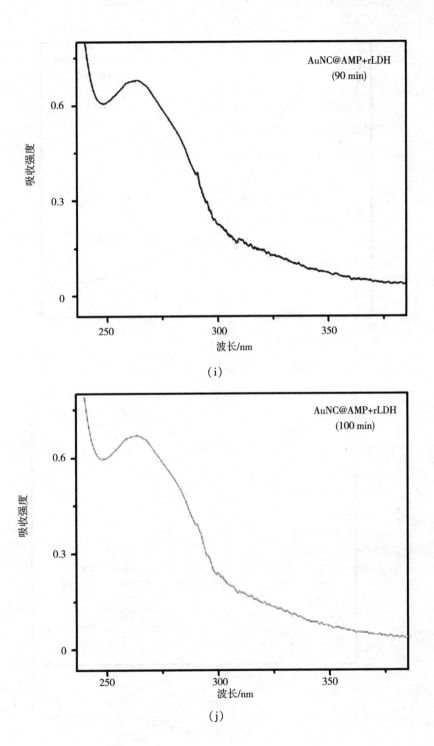

（i）

（j）

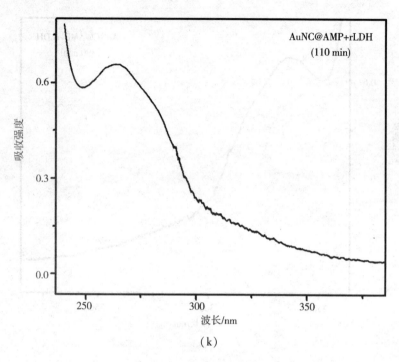

（k）

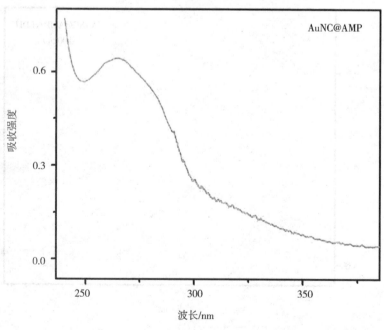

（l）

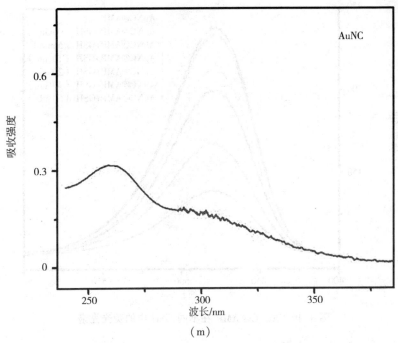

图 3-18　不同情况下 AuNC@AMP 的紫外-可见吸收光谱

已报道,在 rLDH 蛋白结构中存在着大量自由的巯基基团,且这些自由的巯基会刻蚀 AuNC@AMP 从而抑制其发光。由于市售的 rLDH 价格昂贵,因此笔者使用富含自由巯基基团的 GSH 代替 rLDH 进行以下的实验,进一步确定 rLDH 中自由的巯基是否为导致 AuNC@AMP 猝灭的因素。如图 3-19 所示,向 10 μmol·L^{-1} 的 AuNC@AMP 缓冲溶液中滴加 10 μmol·L^{-1} 的 GSH,随着反应时间的延长 AuNC@AMP 的荧光强度逐渐减弱,且在 50 min 后其荧光强度被猝灭 75%。结果表明,自由的巯基基团是促使 AuNC@AMP 荧光猝灭的重要因素。

同时,笔者利用紫外-可见吸收光谱监测了 GSH 对 AuNC@AMP 的猝灭反应。如图 3-20 所示,随着 GSH 浓度的升高,在 259 nm 处出现一个很强的紫外吸收峰,这与加入 rLDH 后的紫外吸收光谱类似;同时在 260 nm 处的吸收峰逐渐增强,而 300 nm 处的吸收峰迅速减弱。GSH 与 AuNC@AMP 相互作用的荧光及紫外-可见光光谱图与 rLDH 的谱图相似,这进一步说明它们具有类似的作用机理。

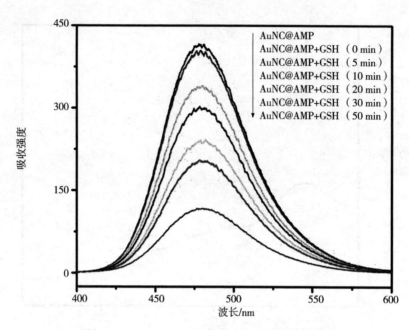

图 3-19　AuNC@ AMP 在不同 GSH 中的荧光光谱

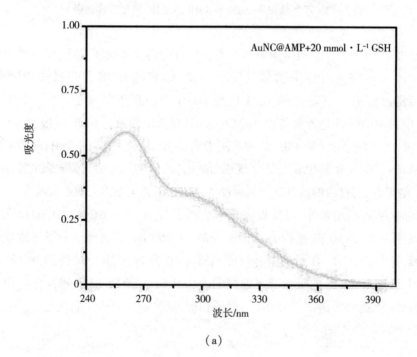

（a）

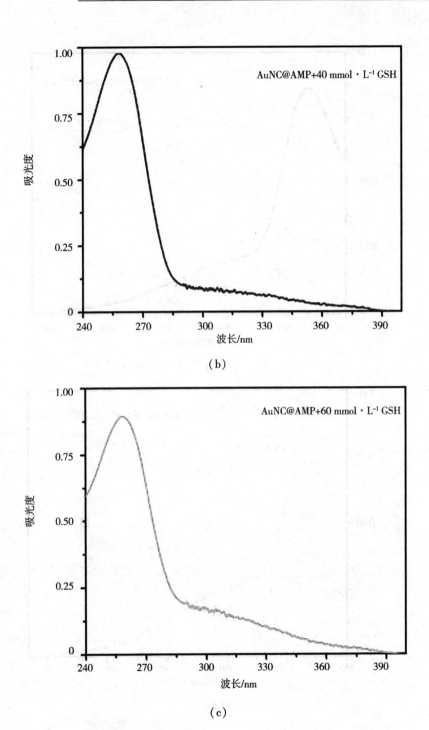

（b）

（c）

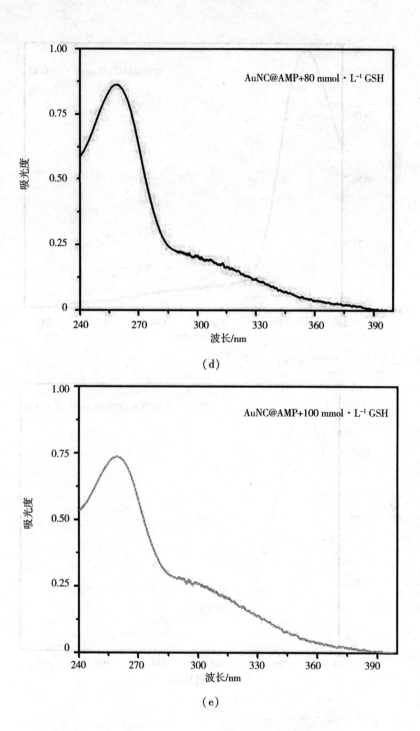

(d)

(e)

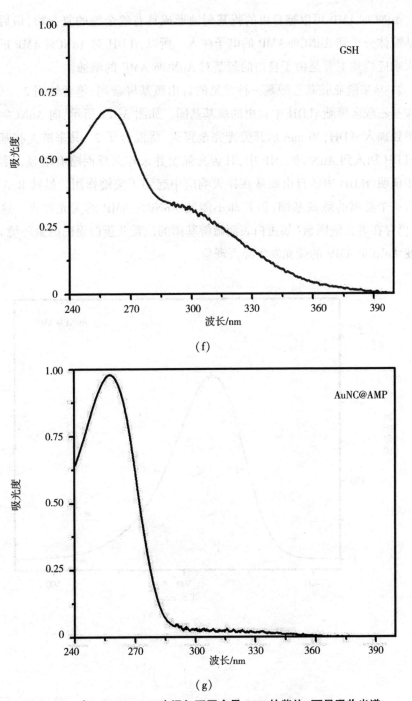

图 3-20　在 AuNC@ AMP 中添加不同含量 GSH 的紫外–可见吸收光谱

AuNC@ AMP 可以被自由的巯基刻蚀形成具有硫金键的复合物,最后形成了从配体分子到 AuNC@ AMP 的电子注入。所以,rLDH 对 AuNC@ AMP 的荧光猝灭响应机理主要是由于自由的巯基对 AuNC@ AMP 的刻蚀。

2-马来酰亚胺基乙酸是一种常见的自由巯基屏蔽剂,笔者使用 2-马来酰亚胺基乙酸来屏蔽 rLDH 中自由的巯基基团。如图 3-21 所示,向 AuNC@ AMP 中单独加入 rLDH,30 min 后其荧光完全猝灭;将混合了 2-马来酰亚胺基乙酸的 rLDH 加入到 AuNC@ AMP 中,其荧光强度并未猝灭反而略有增强。实验进一步证明,rLDH 中的自由巯基在猝灭响应中起到了关键作用。虽然 BSA 中也含有一个游离的巯基基团,但其却不能使 AuNC@ AMP 的荧光猝灭。这就说明,仍存在着其他因素(如蛋白表面硫醇基团的位置及蛋白周围的微环境)同样会使 AuNC@ AMP 的荧光发生猝灭现象。

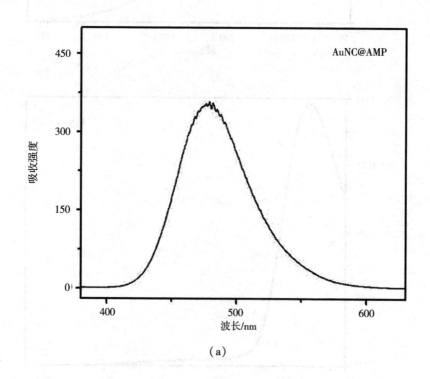

(a)

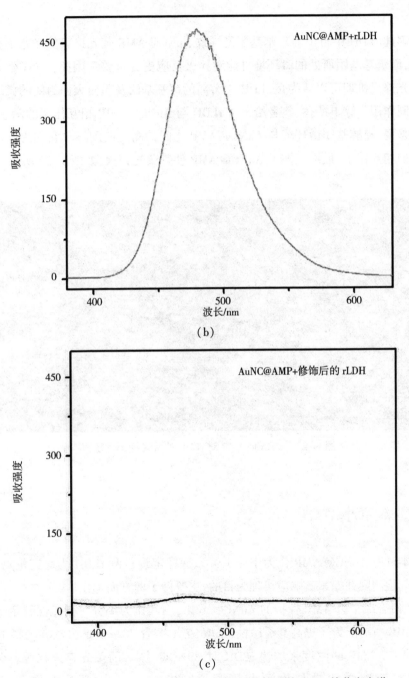

图 3-21　在 AuNC@ AMP 中添加 rLDH 以及修饰后的 rLDH 的荧光光谱
(a) AuNC@ AMP；(b) AuNC@ AMP+rLDH；(c) AuNC@ AMP+修饰后的 rLDH

因此 rLDH 中自由的巯基基团是导致 AuNC@ AMP 荧光猝灭的必要不充分条件,而巯基基团所处的微环境可能对猝灭反应更为重要。因此,AuNC@ AMP的荧光猝灭机理可以认为是 rLDH 中游离的巯基基团及蛋白表面封闭的微环境的共同作用。综上所述,笔者给出了 rLDH 与 AuNC@ AMP 相互作用的示意图。也就是说,硫醇基团微环境与 AuNC@ AMP 之间的高度匹配导致它们之间产生较强的相互作用,最终刻蚀了 AuNC@ AMP 使其荧光猝灭,如图 3-22 所示。

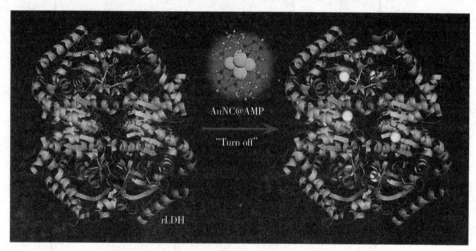

图 3-22   AuNC@ AMP 对 rLDH 的荧光检测示意图

3.4   本章小节

本章以 AuNC@ AMP 作为小分子荧光探针定量检测 rLDH 为研究重点,以提高其检测限并探索其响应机理为目的,主要做了两方面工作。

(1)合成了由 AMP 保护的 AuNC@ AMP,用其作为小分子荧光探针定量检测 rLDH。首先,为了提高其灵敏性,采取 37 ℃孵育 30 min 的方法并稀释 1000倍 AuNC@ AMP 的浓度来加快 rLDH 对 AuNC@ AMP 的荧光猝灭响应。得到 rLDH 在溶液中的最佳检测范围是 8 ~ 400 U · L^{-1},其检测限可达到 0.2 nmol · L^{-1}(26 pg · μL^{-1}, 0.8 U · L^{-1})。其次,为了测试其选择性及抗干扰能力,在相同条件下测试不同蛋白质对 AuNC@ AMP 的荧光变化。结果表明, rLDH 对 AuNC@ AMP 的荧光猝灭响应不但具有较高的选择性而且具有较强的抗干扰能力。最后,利用该方法对稀释后牛血清中 rLDH 进行检测,其检测限可达到 10 nmol · L^{-1}(40 U · L^{-1}),此结果为临床诊断中的实际血样的检测提供了可能。因此,本书已经将 AuNC@ AMP 的应用扩展到了生物医学方面,特别是其在临床诊断中的应用潜力不可估量。

(2)笔者详细地探索了 rLDH 对 AuNC@ AMP 荧光猝灭的响应机理。通过 GSH 对 AuNC@ AMP 的刻蚀猝灭机理进而推断出 rLDH 对 AuNC@ AMP 的响应机理。最终得出结论,rLDH 对 AuNC@ AMP 的荧光猝灭响应主要是 rLDH 中游离的巯基基团及其在蛋白表面的微环境共同作用,硫金键的强结合能力最终导致硫醇复合物的形成,进而使 AuNC@ AMP 的荧光发生猝灭。

第4章 水热合成法制备 AMP 保护的 Au/AgNC 及其光敏性能研究

4.1 引言

近年来,利用其他金属元素如铅、铂、银及铜取代一个或多个金原子进而提高纳米簇在电化学、光学及催化等方面得到了应用,为深入了解纳米簇的稳定性及其他性能提供了一个契机。金银合金纳米簇（AuAgNC）是双金属纳米簇的主要代表。金银合金纳米簇卓越的光学性质及其在生物标记、传感及成像等方面的广泛应用使其成为近几年的热点。金银合金纳米簇的结合模式可分两种,一种以金纳米簇为框架结构,银原子插入到框架中;另一种是以银纳米簇为结构框架,金原子插入其中,且形成的金银合金纳米簇中金银比例一定。虽然目前对于合金纳米簇的研究已经取得了很大的进步,但仍留有一些挑战待完成,如合金纳米簇的荧光量子产率偏低及制备过程中耗时等。2001 年,GuÁvel等人制备了 BSA 保护的金银合金纳米簇其荧光量子产率为 7.6%;2016 年,Huang 等人合成的硫辛酸保护的金银合金纳米簇其荧光量子产率仅有 6.4%,且他们在制备金银合金纳米簇的过程中都存在着耗时长(>5 h)、粒径不均一等问题。因此如何提高荧光量子产率以及探索其新的制备方法成为合金纳米材料研究的热点及主要待解决的问题。

在本章中,笔者成功地制备出高荧光量子产率的 AuNC@ AMP,与已报道的AuNC@ AMP 相比其荧光量子产率增强约 10 倍。由于 AMP 在生命体中是参与DNA 和 RNA 合成的必要成分,那么由 AMP 修饰的纳米发光材料在生物成像、标记及传感等方面存在着巨大的潜力。进而笔者尝试制备 AMP 保护的金银合金纳米簇,以期改变合金纳米簇荧光量子产率低以及制备复杂等问题。

在本章中,笔者首次采用水热合成法(即温度为 100~1000 ℃、压力为 1MPa 到 1 GPa 的条件下,利用水溶液中物质化学反应进行的合成)成功制备了由 AMP 保护的新型金银合金纳米材料(Au/AgNC@ AMP)。本书首次把水热合成法应用到小分子保护的纳米簇制备过程中。这种新方法制备的合金纳米簇有以下优势:反应时间短、粒径均一;所制备出的 Au/AgNC@ AMP 具有较高的荧光量子产率(8.46%);其发射波长为 550 nm(发橙光),且具有较大的斯托克斯位移(200 nm);同时具有光敏性。笔者通过 TEM、XPS 等对其形貌组分进行表征。

4.2　材料与方法

4.2.1　试剂及药品

本章所使用的试剂及药品为:氯金酸(HAuCl₄)99%、柠檬酸钠 99%、硝酸银(AgNO₃)99%、硼氢化钠(NaBH₄)99%、硫酸奎宁 99%、聚乙烯亚胺(PEI),所用药品皆为化学纯试剂。

4.2.2　仪器设备

本章所使用的仪器设备如表 4-1 所示。

表 4-1　仪器名称和型号

仪器名称	仪器型号
水热合成反应釜	KH-10
电热鼓风干燥箱	DHG-9030
荧光光谱仪	RF-5301PC
紫外可见近红外(Uv-vis)分光光度计	UV-3600
透射电子显微镜	JEM-2100F
稳态/瞬态荧光光谱仪	FLS980

4.2.3　样品制备及检测

4.2.3.1　Au/AgNC@AMP 的不同制备方法

（1）采取水热合成法制备 Au/AgNC@AMP。向 20 mL 反应釜中依次加入 17.4 mg AMP 固体样品、8.4 mL 去离子水、200 μL 10 mmol·L^{-1} 的 HAuCl$_4$ 溶液、1 mL 10 mmol·L^{-1} 的 AgNO$_3$ 溶液和 400 μL 0.5 mol·L^{-1} 的柠檬酸钠溶液。Au∶Ag∶AMP 最终为 0.2∶1∶5。放入 120 ℃的高温干燥箱中加热 30 min 后，取出低温冷却，待测试。

（2）采取加热搅拌的合成方法制备 Au/AgNC@AMP。向 50 mL 圆底烧瓶中依次加入 34.8 mg AMP 固体样品、16.8 mL 去离子水、400 μL 10 mmol·L^{-1} 的 HAuCl$_4$ 溶液和 2 mL 10 mmol·L^{-1} 的 AgNO$_3$ 溶液，静置 2 min 后，加入 800 μL 0.5 mol·L^{-1} 的柠檬酸钠溶液。使用加热套 80 ℃搅拌 6 h 停止反应，冷却后进行测试。

（3）采用水热合成法以 AuNC@AMP 为种子制备 Au/AgNC@AMP。首先制备 1 mmol·L^{-1} 的 AuNC@AMP 储备液，再向 20 mL 反应釜中加入 5 mL AuNC@AMP 溶液，再加入 1 mL 10 mmol·L^{-1} 的 AgNO$_3$ 溶液，最后加入 4 mL 去离子水。放入 120 ℃的高温干燥箱中加热 30 min 后取出，低温冷却，取 100 μL 样品进行荧光测试。

综上所述，不同方法制备的 Au/AgNC@AMP 测试其荧光条件均为光路狭缝 5-5,激发波长 354 nm,光源 150 W 氙灯,扫描范围 380~680 nm,1 cm ×1 cm 1 mL 石英比色皿。

4.2.3.2　水热合成法制备 Au/AgNC@ AMP 合成条件的优化

本章采用水热合成法制备 Au/AgNC@ AMP。配制 20 mL 10 mmol · L^{-1} 的 HAuCl$_4$ 溶液,10 mmol · L^{-1}、25 mmol · L^{-1} 及 50 mmol · L^{-1} 的 AMP, 0.5 mol · L^{-1} 的柠檬酸钠溶液,20 mL 10 mmol · L^{-1} 的 AgNO$_3$ 溶液(避光)储备液。

首先,由于在此反应中还原剂柠檬酸钠过量,所以先保持金银比例不变,改变配体 AMP 的浓度。制备总体积为 10 mL 的储备液,向 3 个反应釜中同时加入 1 mL 10 mmol · L^{-1} 的 HAuCl$_4$ 溶液、5.6 mL 水溶液、1 mL 10 mmol · L^{-1} 的 AgNO$_3$ 溶液,分别加入 2 mL 浓度为 10 mmol · L^{-1}、25 mmol · L^{-1} 及 50 mmol · L^{-1} 的 AMP 溶液,最后加入 400 μL 柠檬酸钠溶液。最终 Au∶Ag∶ AMP 分别是 1∶1∶2、1∶1∶5 及 1∶1∶10。120 ℃加热 30 min,低温冷却后, 取 100 μL 样品,用去离子水稀释至 1 mL,测试其荧光强度变化趋势。优化 AMP 的最佳浓度。

其次,确定最佳 AMP 浓度后,对其金银比例进行优化。配制一系列不同浓度的 HAuCl$_4$ 溶液,向反应釜中加入 1 mL 不同浓度的 HAuCl$_4$ 溶液使其终浓度分别为 0.1 μmol · L^{-1}、0.2 μmol · L^{-1}、0.5 μmol · L^{-1}、1.0 μmol · L^{-1}、2.5 μmol · L^{-1} 及 10 μmol · L^{-1},再向其中加入 5.6 mL 水溶液、1 mL 10 mmol · L^{-1} 的 AgNO$_3$ 溶液、2 mL 25 mmol · L^{-1} 的 AMP 溶液,最后加入 400 μL 柠檬酸钠溶液。120 ℃ 加热 30 min,低温冷却后,取 100 μL 样品稀释至 1 mL,观察其荧光强度变化趋势。优化反应的最佳金银比例。

最后,对水热合成的最佳时间进行优化。制备总体积为 10 mL 的 Au/AgNC @ AMP 溶液,向反应釜中依次分别加入 1 mL 2 mmol · L^{-1} 的 HAuCl$_4$ 溶液、 5.6 mL 水溶液、1 mL 10 mmol · L^{-1} 的 AgNO$_3$ 溶液、2 mL 25 mmol · L^{-1} 的 AMP 溶液,最后加入 400 μL 柠檬酸钠溶液。120 ℃加热 3 h,其中每 15 min 取出一只反应釜迅速冷却。分别取上述样品 100 μL 用去离子水稀释至 1 mL,观察其荧光强度变化趋势。最终确定最佳反应时间。

4.2.3.3　Au/AgNC@AMP 的纯化方法

第一,利用丙酮沉淀法进行纯化。取上述步骤制备 Au/AgNC@AMP 原液 10 mL 移至 50 mL 离心管中;向其中加入 40 mL 丙酮;振荡混合均匀,使用高速离心机(4000 r·min^{-1})离心 30 min;离心后,去除上清液,沉淀再次使用丙酮溶解。反复操作 3 次,去除溶液中过量的柠檬酸钠和 AMP。最后,冻干沉淀,称量约 1 mg 待使用。

第二,通过透析法对 Au/AgNC@AMP 进行纯化。取上述制备的 Au/AgNC@AMP 原液,使用 0.5 kDa 的透析袋,放入 1 L 水溶液中,进行 12 h 透析,每 3 h 换一次透析液。最终得到较纯的 Au/AgNC@AMP 水溶液,利用冻干机,冻干 12 h,得到乳白色固体粉末,称量待用。

4.2.3.4　Au/AgNC@AMP 的光敏性测试

将上述方法制备的 Au/AgNC@AMP 避光保存。首先取出 200 μL 用去离子水稀释 1 mL 至 5 个 2 mL 的 EP 管内,分别暴露在可见光下,0 h、0.5 h、1 h、2 h 及 5 h。测试其荧光强度及紫外吸收值的变化,并提供相对应的荧光及可见光照片。紫外光谱仪器参数:光路狭缝 2 nm,中速采样,扫描范围 700~240 nm。

4.2.3.5　测试荧光寿命样品的制备

取 100 μL Au/AgNC@AMP 原液使用去离子水稀释至 1 mL,终浓度为 10 mg·L^{-1}。向其中加入 PEI 使其终浓度分别为 5 μmol·L^{-1}、10 μmol·L^{-1}、15 μmol·L^{-1} 和 20 μmol·L^{-1}。混合 15 min 后,测试其荧光寿命。测试参数:375 nm 钠灯,λ_{em} = 550 nm,λ_{ex} = 354 nm,光路狭缝 15-15,扫描范围 0~20 μs,扫描点数 5000。

4.3　结果与讨论

4.3.1　Au/AgNC@AMP 的制备及表征

制备小分子保护的 Au/AgNC 的传统方法是加热搅拌、光照及微波法。对于以上方法所制备出的 Au/AgNC,尽管其中一些 Au/AgNC 有较好的荧光发射(600~700 nm),但是其劣势也尤其明显。例如,使用加热搅拌法制备 Au/AgNC 时,通常反应时间较长(>3 h),而且除了由 GSH 保护的 Au/AgNC 具有较高的荧光量子产率(15%)外,其他小分子保护的 Au/AgNC 的荧光量子产率都不高(<8%);使用微波法制备的 Au/AgNC 反应快速(3 min),但是其荧光量子产率偏低(<6%)。本章笔者首次提出利用水热合成法制备小分子保护的 Au/AgNC@AMP 的新方法,该方法制得的 Au/AgNC@AMP 具有分散性好、粒度易控制、纯度高等优势,为今后合金纳米簇的制备提供一种快速、高效的合成方法。

首先,笔者通过水热合成法制备了 Au/AgNC@AMP,并与加热搅拌法制得的产品进行比较。如图 4-1 所示,两条曲线分别代表通过水热合成法(120 ℃)和加热搅拌法(80 ℃)制备的 Au/AgNC@AMP 的荧光强度(保持其他条件完全一致)。两种条件下制备的 Au/AgNC@AMP 的荧光发射都在 550 nm 且都具有较大的斯托克斯位移(200 nm)。然而,它们在本质上是有差异的:首先,投入原料浓度相同的两种 Au/AgNC@AMP 产物的荧光发射强度不同,其荧光量子产率分别为 8.46% 和 5.31%;其次,水热合成法只需要 30 min 即可完成,而常规的加热搅拌法却需要 6 h 才可完成。因此,水热合成法在制备 Au/AgNC@AMP 的过程上具有明显的优势。

笔者通过调节 AMP、$HAuCl_4$ 及 $AgNO_3$ 的浓度,最终优化出最佳比例。首先,笔者优化了 AMP 的浓度,保持其他参数不变的情况下分别选取浓度为 2.0 mmol·L^{-1}、5.0 mmol·L^{-1} 和 10 mmol·L^{-1} 的 AMP。当 AMP 的浓度为 10 mmol·L^{-1} 时,其荧光强度最强,但此时其荧光光谱图却显示出一个宽峰(480~550 nm)且发光位置偏蓝,说明其组成成分并不单一。由于单纯 AuNC@AMP 的发射峰位在 480 nm 左右,所以推测此处的宽峰可能包含两种物质,即 AuNC@ AMP 和 Au/AgNC@ AMP。笔者对不同 AMP 含量下 Au/AgNC@ AMP 的荧光强度进行了测试,如图 4-2 所示。结果表明,当 AMP 浓度为 2.0 mmol·L⁻¹ 时,其主要发射峰位在 550 nm 处,且峰型较窄;虽然其荧光强度很弱、荧光量子产率较低,但其可能以 Au/AgNC@ AMP 成分为主导。而 AMP 浓度为 5 mmol·L⁻¹ 时,其荧光强度介于上述二者之间,且具有较好的峰型和尚可接受的荧光强度。因此,过高 AMP 浓度可能利于形成单纯 AuNC@ AMP 但不一定利于 Au/AgNC@ AMP 的形成。因此,如果以 I_{550}/I_{480} 为纵坐标以 AMP 的浓度为横坐标作图可以得到两者的相应关系。

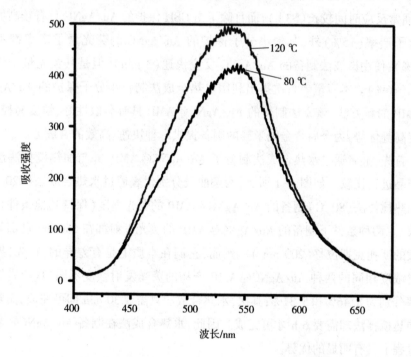

图 4-1　在 80 ℃和 120 ℃监测 Au/AgNC@ AMP 合成过程的荧光光谱

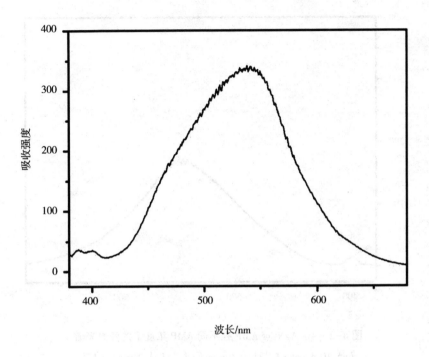

（a）

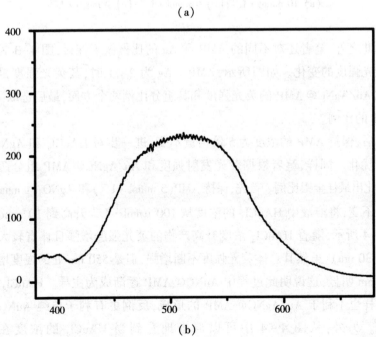

（b）

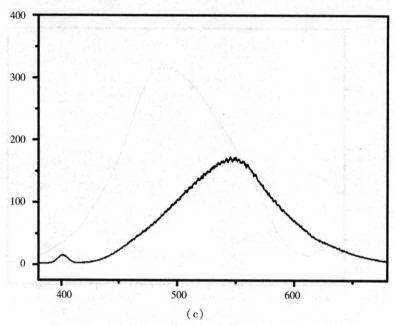

(c)

图 4-2　Au/AgNC@ AMP 在不同 AMP 浓度下的荧光光谱

(a) 10 mmol · L^{-1};(b) 5 mmol · L^{-1};(c) 2 mmol · L^{-1}

除此之外,笔者还对不同的 AMP 和 Ag 的比例做了探讨,图 4-3 为不同比例下荧光强度的变化。如图所示,AMP : Ag 为 2 : 1 时,其荧光强度最大。综合考虑 Au/AgNC@ AMP 的荧光强度和其组分比例两个方面,最后选取 AM : Ag 为 5 : 1 的比例。

此后,保持 AMP 的浓度为 5 倍当量不变,进一步对 HAuCl$_4$ 和 AgNO$_3$ 的比例进行优化。同样,笔者根据荧光发射强度和 Au/AgNC@ AMP 组分两个参数最后优化出最佳金银比例。首先,保持 AMP(5 mmol · L^{-1})和 AgNO$_3$(1 mmol · L^{-1})的浓度不变,将溶液中 HAuCl$_4$ 的浓度从 100 μmol · L^{-1} 升高到 10 mmol · L^{-1}。如图 4-4 所示,随着 HAuCl$_4$ 浓度升高产物的荧光强度增强且伴有较大的蓝移($\Delta\lambda$ = 30 nm),虽然其总体荧光强度不断增强,但是 550 nm 处的强度增加远不如 480 nm 明显,这说明此过程中 AuNC@ AMP 逐渐成为主导。HAuCl$_4$ 浓度的升高同样也不利于 Au/AgNC@ AMP 的形成,反倒更有利于单纯 AuNC@ AMP 的形成。另外,从图 4-4 中可以清晰地看到当 HAuCl$_4$ 的浓度在 0.1 ~ 0.5 mmol · L^{-1} 范围时,其荧光光谱中只有一个 550 nm 发射峰,即此过程

Au/AgNC@ AMP 为主导。也就是说,HAuCl$_4$ 的浓度控制在 0.1~0.5 mmol·L^{-1} 时,此混合物中主要成分为 Au/AgNC@ AMP。

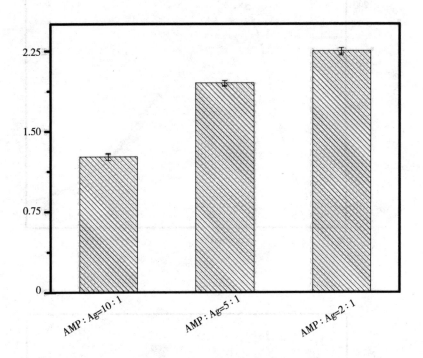

图 4-3　328 nm 处相应的最大荧光强度随 AMP 含量的变化图

Au-AgⒶ AMP 进行了 ....、 .... 110℃ .... 1.0 .... 上。 ....、 .... Au-AgⒶ AMP ...。

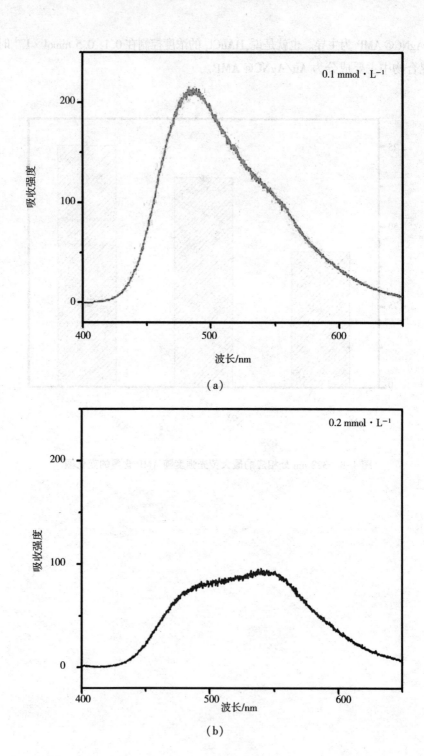

(a)

(b)

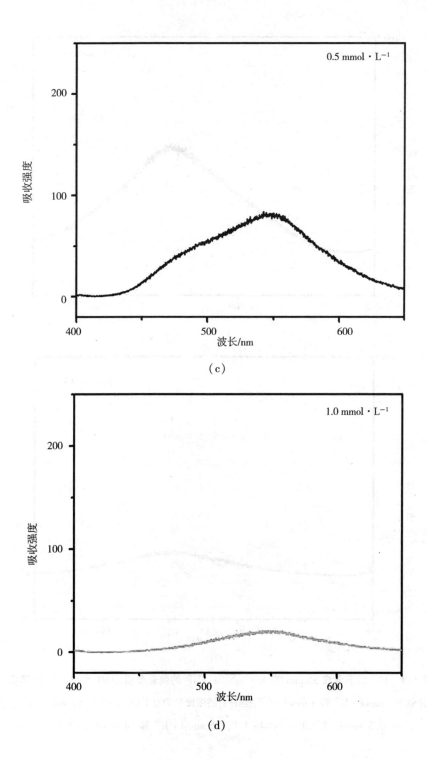

（c）

（d）

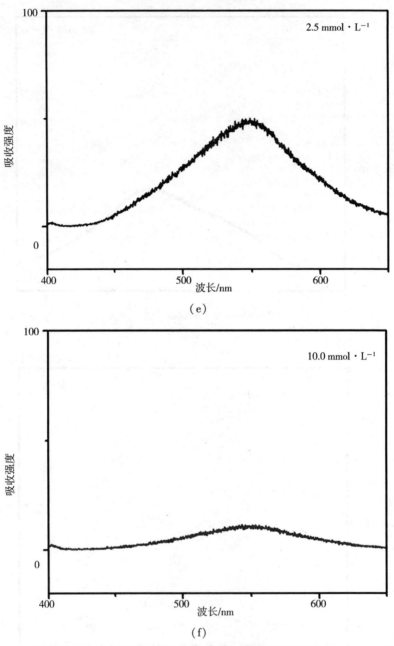

图 4-4   120 ℃下合成 30 min 的 Au/AgNC@ AMP 的荧光光谱，AMP 和 AgNO₃的浓度

分别为 5 mmol · L⁻¹ 和 1 mmol · L⁻¹，HAuCl₄的浓度分为 0. 1 mmol · L⁻¹、0. 2 mmol · L⁻¹、

0. 5 mmol · L⁻¹、1. 0 mmol · L⁻¹、2. 5 mmol · L⁻¹ 和 10. 0 mmol · L⁻¹

　　为了明确地看出其间的差异笔者制作了如图 4-5 所示的柱状图。在图 4-5 中纵坐标代表 I_{550}/I_{480}、横坐标代表金银比例。很明显,当 HAuCl$_4$ 的浓度分别为 0.1 mmol·L^{-1}、0.2 mmol·L^{-1} 和 0.5 mmol·L^{-1} 时,Au/AgNC@ AMP 占主导成分,因此选择此间浓度为最佳金银比例。另外,还要考虑 Au/AgNC@ AMP 的荧光强度。在此浓度区间可以明显看出,当 HAuCl$_4$ 的浓度为 0.2 mmol·L^{-1} 时 Au/AgNC@ AMP 的荧光强度最强,即此时为最佳金银比例(1:5)。

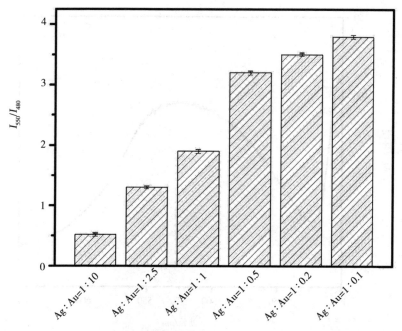

图 4-5　354 nm 处相应的最大强度随 AgNO$_3$ 与 HAuCl$_4$ 的比例的变化

　　通过反应时间来观测其形成过程,每间隔 15 min 取出一次样品测试其荧光强度。如图 4-6 所示,当反应 15 min 时,很明显一个宽峰横跨在 480 ~550 nm 之间,说明其是双组分,即 Au/AgNC@ AMP(λ_{em} = 550 nm)和 AuNC@ AMP(λ_{em} = 480 nm)的混合物。当反应时间为 30 min 时,只有 550 nm 处有一个荧光发射峰,来自于 Au/AgNC@ AMP 的成核生长;30 min 后随着反应时间的延长其荧光强度降低且伴随着红移,说明纳米簇粒径变大,紫外-可见吸收增强。此外,从图 4-6 中还可以推断出在形成 Au/AgNC@ AMP 的过程中,AMP 优先与金作用生成 AuNC@ AMP;此后,银离子被插入到 AuNC@ AMP 的缝隙结构内并逐渐被还原成 Ag(0),也就是说其核心为金原子,表面覆盖有银原子及其复合物。这一结论与已报道的合金纳米簇的形成过程及结构比较一致。同时,笔者使用多种合成技术和手段来制备 AgNC@ AMP,但最终都未成功。也就是说,AMP 保护的单独的 AgNC 无法成功制备,进而说明要想制备出 Au/AgNC@ AMP,就必须先形成作为生长种子的 AuNC@ AMP。

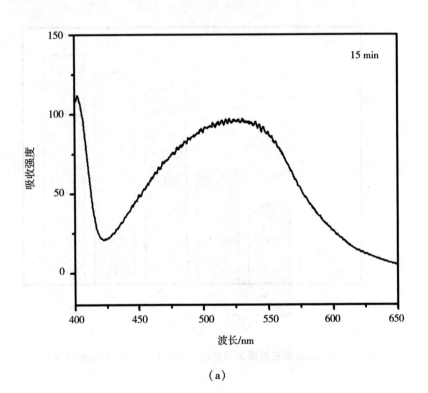

(a)

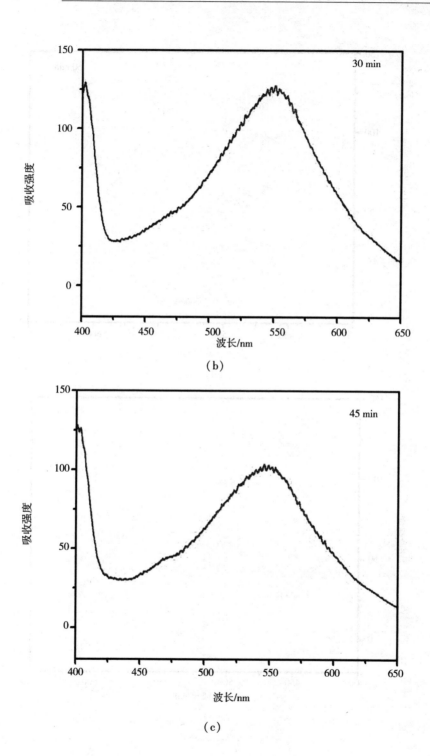

（b）

（c）

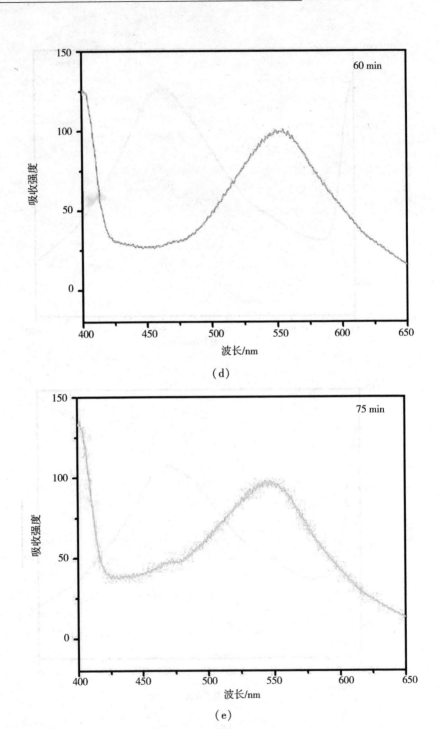

（d）

（e）

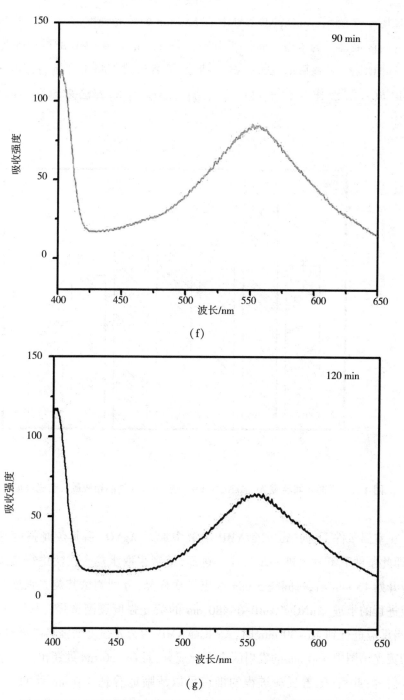

（f）

（g）

图 4-6　120 ℃下不同时间监测 Au/AgNC@ AMP 合成过程的荧光光谱

　　如图 4-7 所示,Au/AgNC@ AMP 在 550 nm 的荧光强度进一步说明 30 min
的反应时间最佳。为了进一步证明上述制备 Au/AgNC@ AMP 的过程确实是先
形成 AuNC@ AMP 核后形成银壳这一结论,笔者通过先将事先制备好的 AuNC
@ AMP 放入溶液作为种子再向其中加入 AgNO₃ 的方法来制备 Au/AgNC
@ AMP。

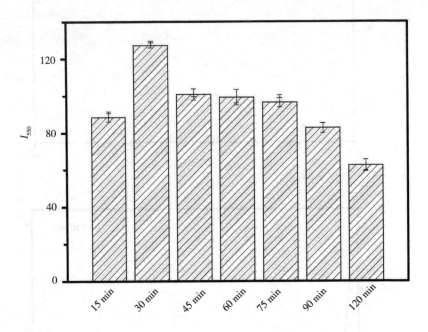

图 4-7　不同时间监测 Au/AgNC@ AMP 在 550 nm 处的相应最大荧光强度

　　在室温条件下,向 AuNC@ AMP 溶液中加入 AgNO₃ 后其荧光强度基本不
变,即此条件下不发生进一步反应。进而,笔者采取水热合成法进行实验。在
反应开始 15 min 后,每间隔 5 min 取出一次样品,分别测试其荧光强度。随着
反应进程的推进,AuNC@ AMP 在 480 nm 的荧光强度逐渐增强。如图 4-8 所
示,当反应进行到 15~30 min 时,AuNC@ AMP 的荧光强度增强且略微红移,此
时的荧光谱图中 480 nm 的发射峰占主导成分,且在 550 nm 处还出现一个较弱
的发射峰;此后,随着反应进程的推进可以清晰地看到 480 nm 处的 AuNC@
AMP 发射峰增强迅速但 550 nm 处发射峰增强略微缓慢,这一现象表明此时的

Au/AgNC@ AMP 正在逐渐形成。当反应进行到 30~40 min 时,荧光谱图中出现了较宽的发射峰,而且此时在 550 nm 处的发射峰略微占主导,说明 30 ~40 min 是 Au/AgNC@ AMP 的快速生长期。但是使用这种方法制备 Au/AgNC@ AMP 达不到完全转化,只能维持一个 Au/AgNC@ AMP 与 AuNC@ AMP 比例关系的平衡态。也就是说,AuNC@ AMP 不可能完全转化为 Au/AgNC@ AMP,因为 AuNC@ AMP 在 480 nm 处的发射峰始终不会消失,这成为此方法制备 Au/AgNC@ AMP 的一个弊端。那么此结论更加证实了一个观点,即合金纳米簇的形成是以金纳米簇为核心、银离子以插入并逐渐被还原的方式嵌入其框架结构中。这一结果与之前报道的金银合金纳米簇类似。

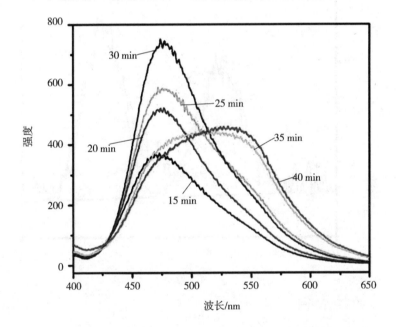

**图 4-8　在 5 mmol · L^{-1} AgNO$_3$ 和 25 mmol · L^{-1} AMP 的浓度下,
120 ℃以 AuNC@ AMP 为种子合成 Au/AgNC@ AMP 的荧光光谱**

接下来笔者通过 XPS 对其中的金、银含量及价态作进一步的探究和分析。据报道,金的 4f$_{7/2}$ 和 4f$_{5/2}$ 峰分别出现在 84.9 eV 和 88.6 eV。而金的 4f$_{7/2}$ 峰可进一步经分峰处理分为两个不同的组分,其结合能分别为 84.0 eV 和 85.0 eV,

分别对应 Au(0) 和 Au(Ⅰ);而银的 $3d_{5/2}$ 也含有两个不同的组分,依据文献报道应分别对应为 Ag(0)(368.2 eV) 和 Ag(Ⅰ)(367.4 eV)。如图 4-9 所示,分峰处理后通过计算不同峰的积分面积,最后得出在整个粒子中 Au(0) 和 Au(Ⅰ) 分别为 57.75% 和 42.25%,说明由于银离子的介入,Au(0) 的含量被大幅度提高。而且,通过对 Ag 3d XPS 的能谱进一步分析,最终得到 Au/AgNC@ AMP 中金的含量占 25.91%,银的含量占 74.09%。由于银在其中占主要比例且覆盖在粒子表面,所以笔者所制备的 Au/AgNC@ AMP 的光学性能、化学性质应该与银纳米簇更类似。

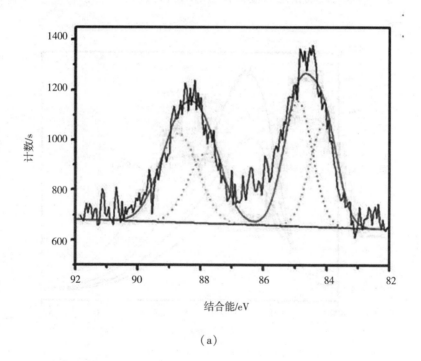

(a)

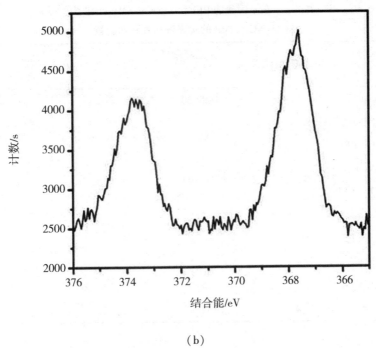

（b）

图 4-9　120 ℃条件下制备的 Au/AgNC@ AMP XPS 图谱

（a）Au 4f；（b）Ag 3d

　　为了进一步确认所制备的纳米材料是 Au/AgNC@ AMP 而不是单纯的金或银的配合物，笔者对其荧光寿命进行了测试。通过曲线拟合计算出它们均包含两种共存组分，如表 4-2 所示。在制备的 Au/AgNC@ AMP 中分别包含了 0.42 μs 的短寿命和 2.07 s 的长寿命两种组分，它们各占 35.28% 和 64.72%；与此不同，纯的 AuNC@ AMP 只包括了 0.13 μs 及 0.63 μs 两个短寿命组分。通过比较二者的荧光寿命，Au/AgNC@ AMP 绝对不是金纳米簇和银纳米簇单纯的配合物。同时，笔者绘制了 Au/AgNC@ AMP 和 AuNC@ AMP 的时间分辨荧光衰减曲线，如图 4-10 所示，曲线所呈现的结果与表 4-2 趋于一致，表明该纳米簇不是简单的二者混合物。

表 4-2　在不同量的 PEI 和 AuNC@ AMP 存在下
Au/AgNC@ AMP 的荧光寿命百分比含量

	荧光寿命 1/μs	荧光寿命 百分比/%	荧光寿命 2/μs	荧光寿命 百分比/%
Ag/AuNC	0.42	35.28	2.07	64.72
Ag/AuNC+ 5 μmol·L⁻¹ PEI	0.43	41.55	1.79	58.45
Ag/AuNC+ 10 μmol·L⁻¹ PEI	0.24	45.93	1.26	54.07
AgAuNC+ 15 μmol·L⁻¹ PEI	0.33	49.40	1.57	50.60
AgAuNC+ 20 μmol·L⁻¹ PEI	0.34	49.63	1.59	50.37
AuNC	0.13	41.23	0.63	58.77

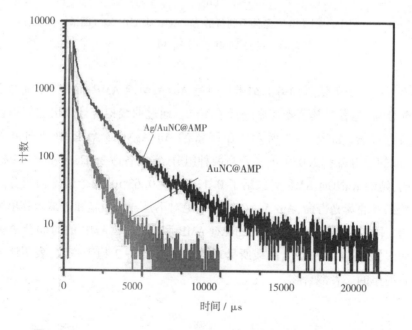

图 4-10　Au/AgNC@ AMP 和 AuNC@ AMP 的时间分辨荧光衰减曲线

　　笔者还利用 TEM 对 Au/AgNC@ AMP 的形貌进行了表征。如图 4-11 所示,Au/AgNC@ AMP 具有高度单分散性且具有清晰的晶格条纹,其晶格间距为 0. 21 nm,与金原子立方体面心(111)晶格平面之间的距离相对应,说明纳米粒子中确实含有规整的金属纳米晶。此外,通过对 300 多个粒子尺寸的统计最终得到了它们的平均直径为 2. 05 nm 且多数 Au/AgNC@ AMP 粒子分布在 1. 95~ 2. 45 nm 之间。较宽的粒径分布归因于所制备的 Au/AgNC@ AMP 不均匀,这是已报道的大多数金银纳米簇都存在的问题,本章采用水热合成法可使粒径大小分布均匀。

(a)

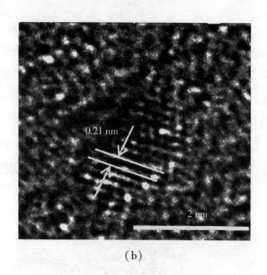

(b)

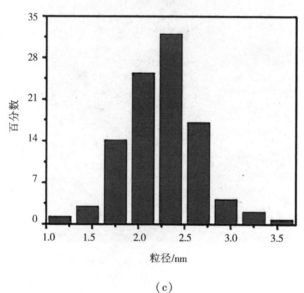

(c)

图 4-11　120 ℃制备的 Au/AgNC@ AMP 的 (a)TEM 图；(b)HTEM 和(c)粒径分布图

　　最后结合以上结论,笔者给出了合成 Au/AgNC@ AMP 的示意图,如图 4-12 所示。

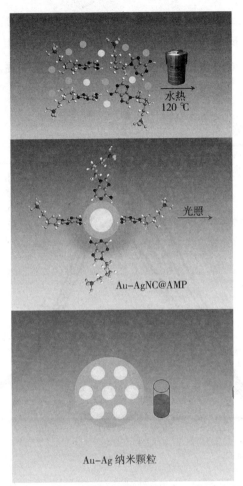

图 4-12　Au-AgNC@ AMP 的水热合成示意图

4.3.2　Au/AgNC@ AMP 的光敏性

　　根据上述实验得出 Au/AgNC@ AMP 中银含量为 74.09%,其结构是金原子为核心、银离子分布在其表面,其性能可能与 AgNC 更类似。进而笔者对其稳定性做了研究,其中的光敏性最具特色。分别取 5 份等浓度的 Au/AgNC@ AMP溶液对其进行曝光处理,曝光时间分别为 0 h、0.5 h、1 h、2 h 和 5 h。如图 4-13所示,随着曝光时间的延长,Au/AgNC@ AMP 的荧光被猝灭且伴随着明显的红移($\Delta\lambda \approx 10$ nm),且曝光时间 5 h 后荧光强度基本稳定,但其溶液中可以看到一些微沉淀颗粒。同时,随着曝光时间的延长,可以看出其宏观颜色由无色透明逐渐变深,且在 365 nm 的紫外灯光的照射下荧光强度逐渐减弱,这与荧光光谱的结论相互验证。

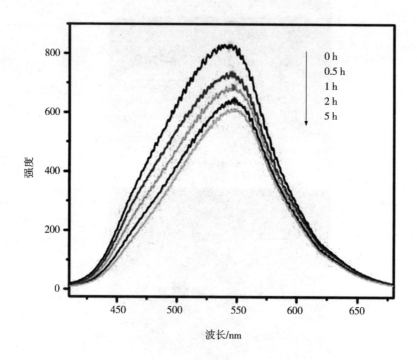

图 4-13   Au/AgNC@ AMP 在光照下的时间依赖性荧光光谱

笔者又通过测试其紫外-可见吸收光谱进一步对该过程进行验证。如图 4-14 所示,随着曝光时间的延长,其在 400~500 nm 之间出现一个逐渐增强的紫外-可见吸收峰,这与图 4-15 中展示的可见光图片一致,即溶液的紫外吸收变强、宏观颜色加深。总之,随着曝光时间的延长,其荧光强度减弱且红移、紫外-可见吸收增强且可见光颜色加深。结果表明,在光照的条件下,Au/AgNC@ AMP 的内部发生了光学反应,导致其粒径变大进而沉淀。

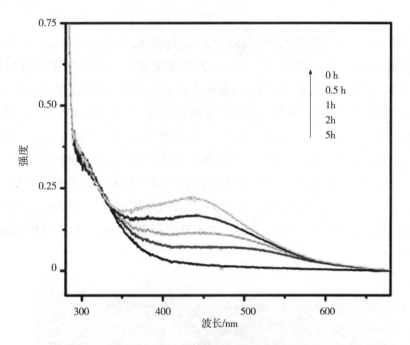

图 4-14　Au/AgNC@ AMP 在光照下的时间依赖性紫外-可见吸收光谱

图 4-15　120 ℃ 制备的 Au/AgNC@ AMP 的可见光和荧光图像

　　利用 TEM 对曝光后的 Au/AgNC@ AMP 进行测试,如图 4-16 所示,与未曝光样品比较,其粒径大小增加到 10 nm 左右且发生聚集。据报道,光照能为银等光敏性材料提供能量,使 Ag(Ⅰ)与配体中羟基发生银镜反应,使 Ag(Ⅰ)被还原生成更多的 Ag(0)。笔者对 120 ℃下制备的 Au/AgNC@ AMP 的粒子曝光 6 h,然后进行 TEM 测试。正是在 Au/AgNC@ AMP 中银离子分布在金原子核的表面,使其有机会与 AMP 分子中糖环上的 2 个自由羟基发生银镜反应。在光照条件下,Au/AgNC@ AMP 中发生了银镜反应从而导致表面更多的 Ag(Ⅰ)由复合物转变为 Ag(0),最终出现粒径变大、紫外吸收增强、荧光猝灭、宏观颜色变深且有微沉淀物生成的现象。所以,由该方法制备的 Au/AgNC@ AMP 溶液应避光保存。

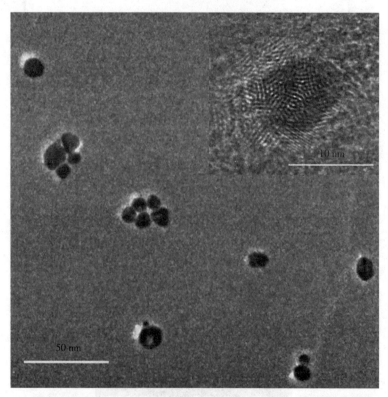

图 4-16　曝光 6 h 后,在 120 ℃下制备的 Au/AgNC@ AMP 的 TEM 图,插图为 HTEM

　　作为一种发冷光的纳米材料,可以利用 Au/AgNC@ AMP 进入海拉细胞进行细胞成像。首先,向海拉细胞中加入 100 μmol · L⁻¹Au/AgNC@ AMP,为了促进 Au/AgNC@ AMP 进入细胞,需要孵育 30 min。如图 4-17 所示,在加入 Au/AgNC@ AMP 后,细胞仍然保持其原有的结构与活性,说明 Au/AgNC@ AMP 对细胞没有毒性。另外,在细胞质中可以看见很强的橙光,但是在细胞核中并没有荧光发射,进一步说明,Au/AgNC@ AMP 可以通过细胞膜进入细胞质但不能进入细胞核中。

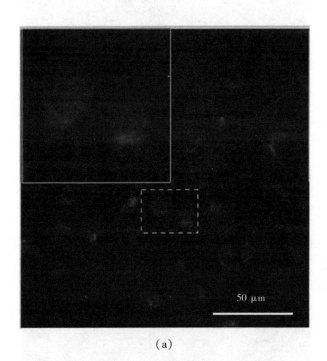

50 μm

(a)

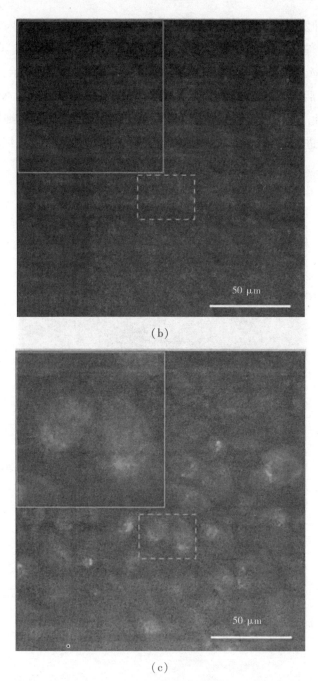

图 4-17　加入 100 μmol・L^{-1} Au/AgNC@ AMP 的活海拉细胞的
(a)共聚焦发光、(b)明场和(c)重叠场的显微照片

4.3.3　Au/AgNC@AMP 与 PEI 构成的组装体系

　　由于 Au/AgNC@AMP 本身的荧光量子产率仅有 8.46%,笔者想要利用其与聚乙烯亚胺(PEI)构成的组装体系提高其荧光量子产率。2016 年,Ammar 等人通过多环芳烃(PAH)与 GSH 保护的 AuNC 相互作用,构建了 Au-GSH-PAH 组装体,利用 AIE 效应使 AuNC@GSH 的荧光量子产率大幅度提高。本章选取相对分子质量为 10000 的 PEI 构建组装体系。向 Au/AgNC@AMP 中加入不同浓度的 PEI,观察其荧光强度的变化。加入不同量 PEI 后 Au/AgNC@AMP 的荧光光谱和荧光强度变化如图 4-18 和图 4-19 所示。随着 PEI 浓度的升高其荧光强度大幅度增强,直到 PEI 浓度达到 15 μmol·L^{-1} 时,其荧光强度增强 7 倍且蓝移 60 nm 左右,而此时的荧光量子产率高达 26.21%,比单独的 Au/AgNC@AMP 高了 3 倍;此时再次升高 PEI 的浓度到 30 μmol·L^{-1} 时,其荧光强度略微减弱但仍然增强了 6 倍左右。

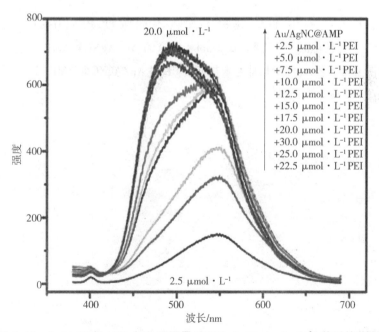

图 4-18　Au/AgNC@AMP 加入不同量 PEI(2.5~30 μmol·L^{-1}) 前后的荧光光谱

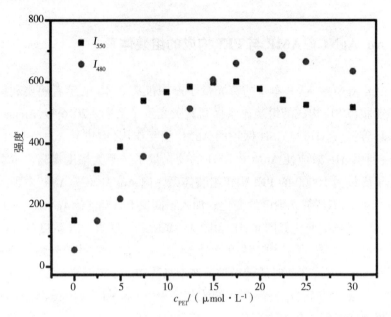

图 4-19 Au/AgNC@ AMP 加入不同量 PEI(2.5~30 μmol·L⁻¹) 后的荧光强度变化

 另外,笔者还利用 TEM 观察了加入不同浓度 PEI(0 μmol · L⁻¹、5 μmol · L⁻¹、17.5 μmol · L⁻¹ 和 30 μmol · L⁻¹)的 Au/AgNC@ AMP 粒径大小的变化。如图 4-20 所示,TEM 图为未加入 PEI 的 Au/AgNC@ AMP,其粒径大小约为 2 nm。

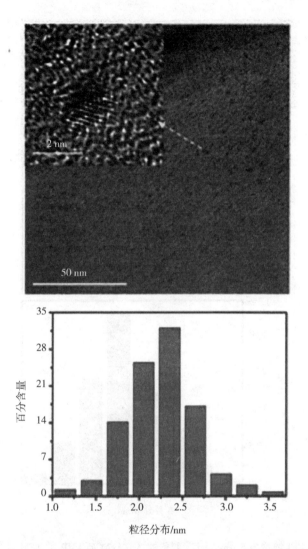

图 4-20　在 120 ℃ 制备的 Au/AgNC@ AMP 的 TEM 图以及粒径分布

　　如图 4-21 所示,当加入 PEI 的浓度达到 5 μmol·L⁻¹ 的时候,其粒径大小变为 3 nm。尽管其粒径只增加了 1 nm,但是我们可以看到通过与 PEI 的相互作用,它们镶嵌在 PEI 树枝状大分子中,且形成了规则的层状结构。此时的荧光增强主要是由于 Au/AgNC@ AMP 被固定到 PEI 树枝状大分子中,分子间距缩小进而起到排水作用,促使荧光增强。

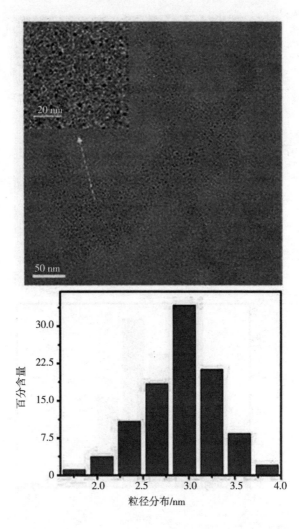

图 4-21　PEI 浓度为 5 μmol · L⁻¹ 制备的 Au/AgNC@ AMP 的 TEM 以及粒径分布

如图 4-22 所示,当 PEI 浓度达到 17.5 μmol · L⁻¹ 时,其粒径大小增加到 4~5 nm,且从 TEM 图中明显看到了聚集趋势,荧光光谱图也表明加入 17.5 μmol · L⁻¹ 的 PEI 后,Au/AgNC@ AMP 的荧光发射蓝移 60 nm,这主要是由于 Au/AgNC@ AMP 与 PEI 组装聚集诱导荧光增强且蓝移。

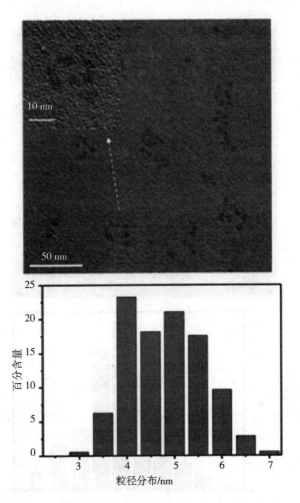

图 4-22　PEI 浓度为 17.5 μmol·L^{-1} 制备的 Au∕AgNC@ AMP-PEI 的
TEM 图以及粒径分布

　　如图 4-23 所示,当 PEI 浓度达到 30 μmol·L^{-1} 时,虽然其粒径大小均增加到 10~20 nm,但是如插图可知,其并不是单纯的形成了 20 nm 的纳米粒子,而是形成了由多个粒径为 5 nm 的颗粒组成的微聚结构。综上所述,通过 TEM 进一步确定笔者成功地构筑了 Au∕Ag-AMP-PEI 组装体系。

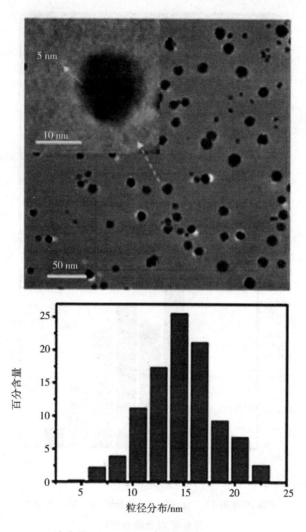

图 4-23 PEI 浓度为 30 μmol·L^{-1} 制备的 Au/AgNC@ AMP-PEI 的
TEM 图以及粒径分布

此外,笔者对由不同浓度 PEI 构筑的这一体系的荧光寿命进行了测试。如图 4-24 所示,加入 PEI 后,其与 Au/AgNC@ AMP 的荧光寿命相比,都具备长短两种寿命但其寿命大小不同,成分比例也有所不同,这些差异也说明成功构建了二者之间组装体系。通过寿命拟合曲线得知,随着 PEI 浓度的升高,与 Au/AgNC@ AMP 相比整个体系的短寿命比例增加而长寿命比例逐渐降低,说明所构建的 Au/Ag-AMP-PEI 组装体系可依据 PEI 的浓度来进行调控。

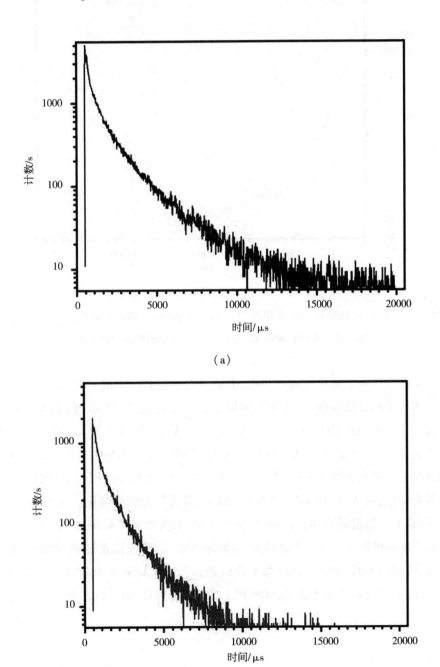

（a）

（b）

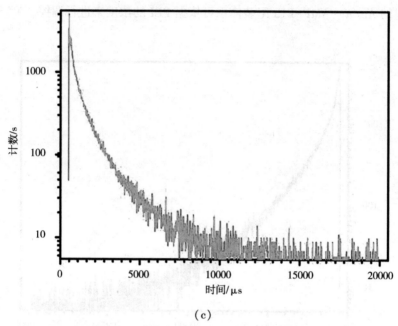

图 4-24　（a）Au/AgNC@ AMP 未添加 PEI；（b）Au/AgNC@ AMP 添加 5 μmol·L^{-1} PEI；

（c）Au/AgNC@ AMP 添加 15 μmol·L^{-1} PEI 后的时间分辨荧光光谱

　　其组装体系之所以被成功构建,主要归因于在 PEI 中的-NH 及-NH$_2$ 基团与金属原子的强结合能力,避免金属原子被氧化硫化,特别是 PEI 的树枝状结构起到了支架、稳固的作用。这也解释了 Au/AgNC@ AMP 加入 PEI 后失去光敏性的原因,从而解决了 Au/AgNC@ AMP 光照条件下的不稳定性。由于笔者制备的是金银双金属纳米簇,为了进一步确定 PEI 是与金作用还是与银作用及二者均作用,向 AuNC@ AMP 中加入 PEI,观察其荧光强度变化。如图 4-25 所示,随着 PEI 浓度的升高,与 Au/AgNC@ AMP 的荧光增强相反,AuNC@ AMP 的荧光强度略微降低。PEI 浓度越大 AuNC@ AMP 的荧光强度越弱,因此笔者认为在 Au/Ag-AMP-PEI 组装体系中,PEI 应该与 Au/AgNC@ AMP 表面的银离子相互作用,且也有文献报道 AgNC@ PEI 的发射峰也在 480 nm 左右。

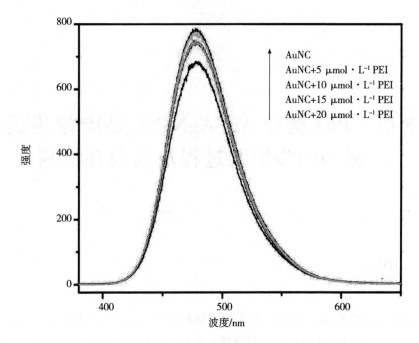

图 4-25　Au/AgNC@ AMP 添加不同量 PEI(5~20 μmol · L⁻¹) 前后的
时间分辨荧光光谱

4.4　本章小节

　　(1)首次成功制备了具有光敏性的 Au/AgNC@ AMP。其发射峰位在 550 nm 发橙光且具有 200 nm 的斯托克斯位移。以硫酸奎宁为参比化合物,测试其荧光量子产率为 8.46%。通过对 AMP 浓度、金银比例及反应时间做出优化。最终确定合成条件:AMP∶Ag∶Au 为 5∶1∶0.2,120 ℃加热 30 min。

　　(2)首次使用水热合成法来制备小分子(AMP)保护的 AuNC。此方法具有粒度均一、分散性好、产物纯度高及反应速度快等优势。

　　(3)为了大幅度提高 Au/AgNC 的荧光量子产率,成功构筑了 Au/Ag-AMP-PEI 组装体系。PEI 的加入,不仅其荧光量子产率提高至 26.21%,而且使 Au/AgNC@ AMP 更加稳定。

第5章 PEI 诱导 Au/AgNC@AMP 聚集荧光增强的两步组装过程及其内在机制

5.1 引言

金属纳米簇作为一种新型发光纳米材料,已广泛应用于生物学领域、环境学和药理学,但仍存在一些问题和挑战。最近,通过不同的方式增加 NC 的荧光量子产率的一系列的方法已被报道,如原子精度(定义明确的尺寸)、表面配体修饰和其他金属掺杂等,有效改善了荧光量子产率。但是发光强度仍然与量子点和有机发色团无法相比,所以有必要进一步对其进行改善。

Luo 等人报道了一种具有 AIE 增强特性的 AuNC,其具备独特的物理化学性质已被认为是提高金属纳米簇荧光量子产率建设性的方法。因此,通过了解 AIE 机制和配体设计原则,将荧光量子产率提高到 10% 以上大幅度扩展了纳米簇的应用。Yahia 等人报道了阳离子聚合物保护的 AuNC 自组装成 NP。纳米直径增加的同时伴随发光强度增强,由静电相互作用引起在聚电解质和 AuNC 稳定表面之间的 AIE 现象。Goswami 等人也报道了 AuNC 的 AIE 效应,并讨论了 AIE 的观点和未来的研究方向,这一报道为了解配体配置对 AuNC 的影响提供了重要的信息。虽然一系列具有 AIE 性质的金属纳米簇的应用已被报道,但是对于 AIE 效应是否也可用于调节其他金属 NC 尚不清楚,AIE 行为缺乏生物方面应用,应该扩大和验证在其他学科的应用。

在前期工作中,笔者通过快速有效的水热合成方法,制备了 AMP 保护的 Au/AgNC@AMP,其具有较大的斯托克斯位移(200 nm)和较高的荧光量子产率

（8.46%）。但与量子点和有机发色团相比，其荧光量子产率较低。PEI 是一种含有伯胺、仲胺和叔胺基团的合成聚合物，可以作为一种阳离子表面活性剂。PEI 可以与 DNA 通过静电相互作用强烈结合，并广泛应用于非病毒基因传递和治疗的载体。

　　本章将 Au/AgNC@ AMP 和 PEI 进行组装，组装体具有诱导发射增强（AIEE）特性，使其荧光量子产率从 8.64% 提高到 25.02%。本章分两个阶段深度研究组装体发射增强的内在机制。在第一阶段中，AMP 中的磷酸基团与 PEI 中的氨基之间的静电作用限制了封端配体的分子内振动和旋转，从而降低了配体的非辐射弛豫对应的激发态；在第二阶段中，高浓度 PEI 形成的胶束将合金纳米簇推入较小的极性环境，使其组装体之间的金属-金属相互作用大大增强，并促进了激发态通过辐射途径的弛豫动力学。因此，组装体发光增强直接取决于组装过程的这两个阶段。

　　在本章中，Au/AgNC@ AMP 和 PEI 的组装是通过 Au/AgNC@ AMP 的表面负电荷和带正电的 PEI 之间的静电作用构建的，其伴随着发光增强和蓝移。对组装体的内在机制通过时间分辨发光光谱、Zeta 电位测量、TEM、SEM 和 FT-IR 进行了深入研究。

5.2　实验部分

5.2.1　实验药品

　　本章所用的试剂及药品：氯金酸（$HAuCl_4$）99%、柠檬酸钠 99%、硝酸银（$AgNO_3$）99%、硼氢化钠（$NaBH_4$）99%、氢氧化钠 99%、磷酸一氢钠 99%、磷酸二氢钠 99%、硫酸奎宁 99%、聚乙烯亚胺（PEI）、5′-单磷酸腺苷（AMP）、2-4-（2-羟乙基）-1-哌嗪乙磺酸（HEPES）、蒸馏水，所用药品及试剂皆为化学纯级别。

5.2.2　实验仪器

　　本章所用的仪器如表 5-1 所示。

表 5-1　仪器名称和仪器型号

仪器名称	仪器型号
水热合成反应釜	KH-10
电热鼓风干燥箱	DHG-9030
荧光光谱仪	RF-5301PC
紫外-可见近红外分光光度计	UV-3600
透射电子显微镜	JEM-2100F
稳态/瞬态荧光光谱仪	FLS980
真空 FT-IR 光谱仪	Vertex 80V
扫描电子显微镜	JSM-6700F
高分辨 Zeta 电位及粒度分析仪	ZetaPALS

5.2.3　制备与检测

5.2.3.1　PEI 与 Au/AgNC@ AMP 的组装

将 1.0 mmol · L^{-1} 的 Au/AgNC@ AMP 溶液溶解在 HEPES-NaOH 缓冲液 (20 mmol · L^{-1}, pH=7.4)中,共制备 20.0 mL。将 20.0 mL Au/AgNC@ AMP 溶液分别倒入 20 个 1.0 mL 的 EP 管中,向其中加入不同浓度的 PEI,混合均匀后进行荧光和紫外光的测试。

5.2.3.2　荧光光谱检测

使用荧光光谱仪对其荧光进行测试。为了减少测量过程中激发强度的波动,测量前需将灯保持开启 0.5 h。所有光谱测量除了在磷酸盐缓冲溶液中检测外,均在 20.0 mmol · L^{-1} HEPES-NaOH(pH = 7.4)中进行,激发波长固定为 325 nm。

5.2.3.3　荧光寿命检测

通过稳态/瞬态荧光谱仪测试发光衰减曲线获得 Au-AgNC 的荧光寿命。

Au/AgNC@AMP 的激发波长固定为 375 nm,发射波长为 490 nm。为了获得更可靠的荧光寿命每个实验都重复三次以上,最后以呈现的结果为代表。

5.2.3.4　紫外吸收光谱

使用 UV-3600 紫外-可见近红外分光光度计测试紫外吸收光谱。所有测试样品都放在 0.2 cm×1.0 cm 比色皿中。

5.2.3.5　透射电子显微镜

所有的 TEM 测试均使用 JEM-2200FS 透射电子显微镜在加速电压 220 kV下测试。为了进行 TEM 观察,将样品在超声波下悬浮在水溶液中,再直接沉积在铜网上并进行风干处理。

5.2.3.6　扫描电子显微镜

所有的 SEM 均使用 JEOL JSM-6700F 仪器在 3.0 kV 电压下进行测试。把不同浓度的 PEI 和 Au/AgNC@AMP 的组装体进行冻干处理,得到固体粉末,进行测试。

5.2.3.7　红外吸收光谱

所有红外吸收光谱均使用真空 Vertex 80V FT-IR 光谱仪测试。将约 2 mg的干燥样品粉末和约 300 mg 溴化钾通过液压,制片。每个光谱的吸收范围在400~4000 cm^{-1} 之间,扫描次数为 64 次,分辨率为 4 cm^{-1}。

5.3　结果与讨论

5.3.1　在 HEPES-NaOH 溶液中 PEI 诱导 Au/AgNC@AMP 的发光增强

本章构建了 PEI 与 Au/AgNC@AMP 的组装体,其诱导金属纳米簇发光大幅度增强,并伴随较大蓝移。如图 5-1 所示,在 Au/AgNC@AMP 溶液中加入

PEI 后,荧光发射在 550 nm 处迅速增强,同时随着以 490 nm 为中心的新发射带的出现持续增强。具体来说,当 PEI 浓度小于 50 nmol·L⁻¹ 时,发射峰在 550 nm 处增强;之后,以 490 nm 为中心出现一个新的发射峰,并在 PEI 加入后增强。此外,在 200 nmol·L⁻¹ 的 PEI 存在下,490 nm 和 550 nm 的发射峰强度几乎相同,提供了一个平衡平台;最后,与 550 nm 处相反,490 nm 处发射峰比 550 nm 处的发射强度更强。因此,Au/AgNC@ AMP 对不同浓度的 PEI 的发光响应变化丰富,表明其在组装过程中存在两个以上的结合过程。

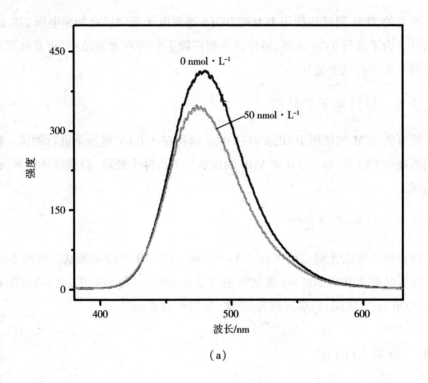

(a)

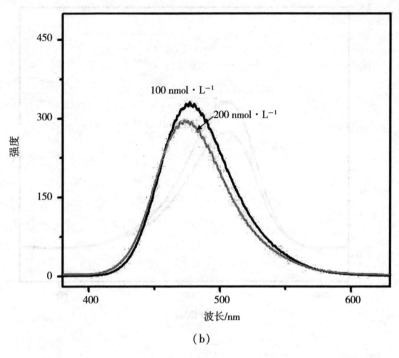

（b）

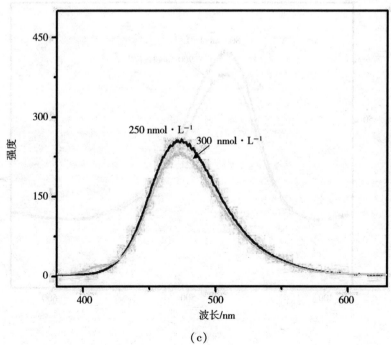

（c）

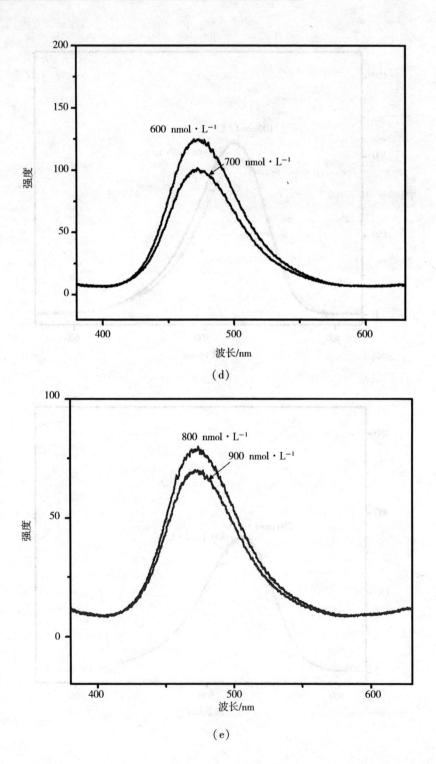

（d）

（e）

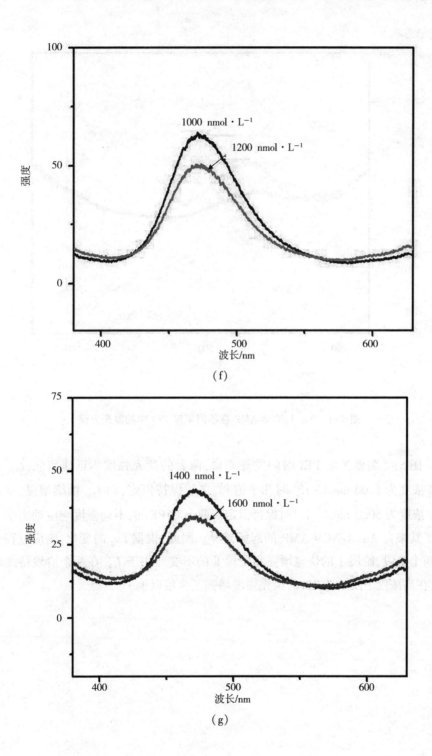

（f）

（g）

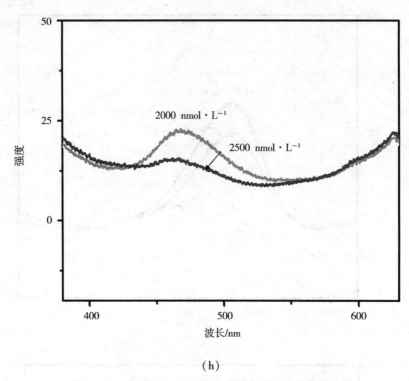

（h）

图 5-1　Au/AgNC@AMP 在不同浓度 PEI 中的发光光谱

　　图 5-2 为低浓度 PEI 时的发光光谱,两者的荧光强度均迅速增强,I_{550} 在 PEI 浓度为 1200 nmol·L^{-1} 时几乎饱和,之后保持恒定,而 I_{490} 继续增强,直到 PEI 浓度为 5000 nmol·L^{-1} 时保持恒定。两个对 PEI 的不同强度响应动力学揭示了其来自 Au/AgNC@AMP 的起始差异。因此,根据 I_{550} 的变化,响应过程分为两个阶段,阶段 I 的快速增强和阶段 II 的不变。由于 I_{490} 在两个阶段持续增强,在高浓度 PEI 存在时,其荧光强度增强了 9 倍以上。

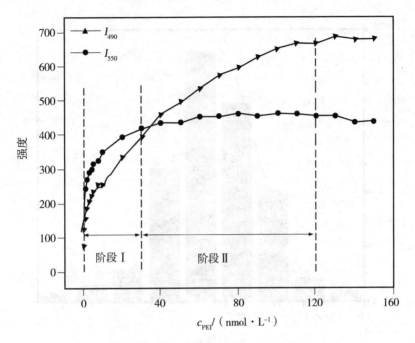

图 5-2　Au/AgNC@ AMP 在不同浓度的 PEI 中
490 nm 和 550 nm 处荧光强度的变化

5.3.2　加入 PEI 后 Au/AgNC@ AMP 的形态变化

为了了解 Au/AgNC@ AMP 组装后其粒径分布的变化,笔者对 Au/AgNC@ AMP 单独的尺寸分布进行了测试,如图 5-3 所示。从图中可以看出单独的 Au/AgNC@ AMP 是高度单分散的且尺寸均匀。根据 300 多个颗粒的统计,双金属纳米簇的平均直径为 2.20 nm,其中大部分分布在 1.70~2.70 nm 之间。

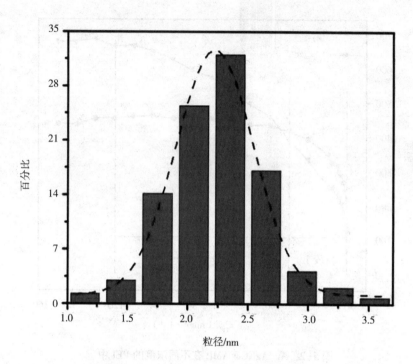

图 5-3   Au/AgNC@ AMP 单独的粒径分布

同时,为了直接观察其组装过程,采用 TEM 观察 Au/AgNC@ AMP 在组装过程中的形貌变化。如图 5-4 所示,在 10.0 μmol·L^{-1} 的 PEI 存在下,观察到片状的松散聚集,表明 Au/AgNC@ AMP 和 PEI 成功组装。在 30.0 μmol·L^{-1} 的 PEI 存在下,几个 Au/AgNC@ AMP 以更近的距离聚集在一起。此外,在 50 μmol·L^{-1} 的 PEI 存在下,纳米团簇聚集更紧密,进一步形成大颗粒,其中包含几个小的纳米团簇。值得注意的是,它们在这个过程中聚集得越来越紧密。对于 Au/AgNC@ AMP 之间的距离,片状聚集的距离大于 5.0 nm,较大聚集的距离小于 2.0 nm。结果表明,随着 PEI 的加入,Au/AgNC@ AMP 的聚集越来越紧密。因此,由于双金属纳米簇的组装诱导发射增强特性,发光增强得到了很大的提高。AIEE 是 AIE 的一种特例,在初始阶段包含一个弱发射,并沿聚集方向逐渐增强。

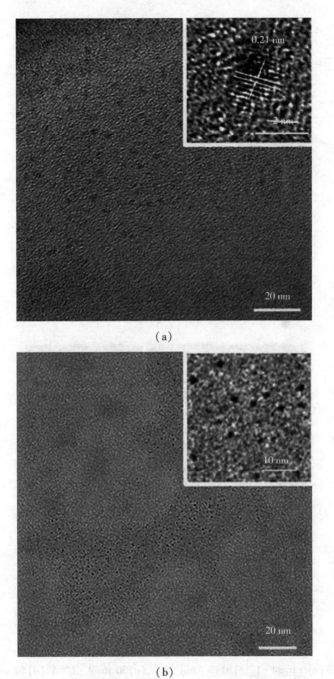

(a)

(b)

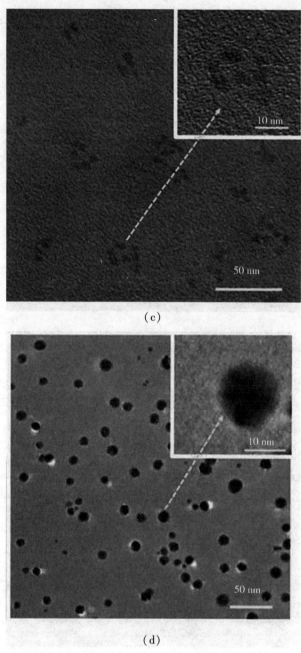

(c)

(d)

图 5-4 在(a)0 μmol · L⁻¹;(b)10 μmol · L⁻¹、(c)30 μmol · L⁻¹ 和(d)50 μmol · L⁻¹ 的 PEI 中 Au/AgNC@ AMP 的 TEM 图

5.3.3　Au/AgNC@ AMP 与 PEI 组装发光寿命的变化

笔者对组装体进行了荧光寿命光谱监测。如图 5-5 所示,在 PEI 的存在下,Au/AgNC@ AMP 在 490 nm 处的衰减曲线发生了明显的变化。通过衰减曲线指数拟合计算各组分的寿命和百分比。经双指数衰减模型(表 5-2)拟合后,Au/AgNC@ AMP 的原始寿命分别为 0. 292 μs(40. 71%)和 1. 589 μs(59. 29%),平均寿命为 1. 061 μs。此外,笔者还根据相应的衰减曲线评估了 Au/AgNC@ AMP 在 550 nm 处的寿命和百分比,其变化与在 490 nm 处观察到的变化非常相似。随着 PEI 含量的增加,Au/AgNC@ AMP 从不紧密聚集到紧密聚集,Au/AgNC@ AMP 的细微变化主要受到 AMP 与 PEI 的相互作用和金属-金属相互作用的影响。因此,Au/AgNC@ AMP 的发射增强与聚集程度相关。

表 5-2　不同含量 PEI 中 Au/AgNC@ AMP 在 490 nm 和 550 nm 处的寿命和百分比变化

$c_{PEI}/$ ($\mu mol \cdot L^{-1}$)	$I_{490\,nm}$					$I_{550\,nm}$				
	$\tau_1/\mu s$	Rel/%	$\tau_2/\mu s$	Rel/%	$\tau_{Average}/\mu s$	$\tau_1/\mu s$	Rel/%	$\tau_2/\mu s$	Rel/%	$\tau_{Average}/\mu s$
0	0. 292	40. 71	1. 589	59. 29	1. 061	0. 500	39. 08	2. 290	60. 92	1. 590
10	0. 362	59. 10	1. 725	40. 90	0. 919	0. 568	49. 62	2. 228	50. 38	1. 405
20	0. 380	60. 23	1. 814	39. 77	0. 950	0. 552	53. 57	2. 217	46. 43	1. 325
40	0. 398	59. 05	1. 933	40. 95	1. 027	0. 524	46. 61	2. 094	53. 39	1. 362
60	0. 432	57. 16	1. 895	42. 84	1. 059	0. 585	51. 44	2. 230	48. 56	1. 384
80	0. 447	53. 95	1. 971	46. 05	1. 149	0. 665	52. 58	2. 485	47. 42	1. 528
100	0. 445	53. 06	1. 982	46. 94	1. 166	0. 687	52. 14	2. 475	47. 86	1. 543

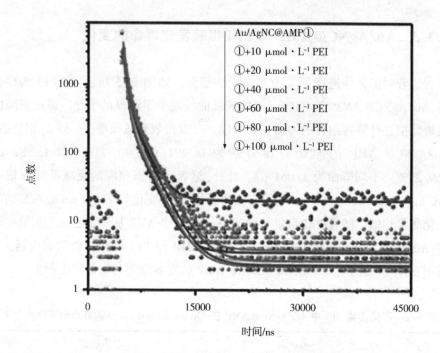

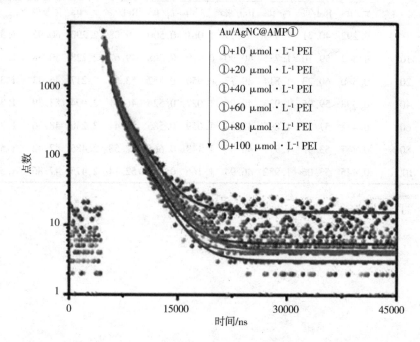

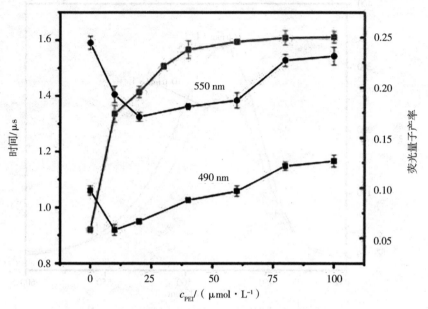

图 5-5　加入不同含量 PEI 后,Au/AgNC@ AMP 的
平均寿命和荧光量子产率变化

5.3.4　阶段 I Au/AgNC@ AMP 与 PEI 之间的内在组装机制

　　根据之前的研究,已知 550 nm 处的发射峰属于 Au/AgNC@ AMP,但 490 nm 处的发射峰尚不清楚。据报道,AuNC@ AMP 在 480 nm 左右具有强烈的发射,AgNC@ PEI 在 490 nm 处表现出强烈的发射,可能导致新的发射峰出现并增强。此外,PEI 溶液在 430 nm 处显示出非常弱的发射(数据未显示),这并没有干扰组装的发射。为了明确组装的起源和动力学变化,笔者采用 AuNC@ AMP 代替 Au/AgNC@ AMP,用 PEI 构建装配。如图 5-6 所示,随着 PEI 浓度的升高,AuNC@ AMP 的发光强度略有下降,这与 Au/AgNC@ AMP 的发光强度相反,而 AuNC@ AMP 的荧光发射强度逐渐减弱。在上述添加 PEI 的过程中,Au/AgNC@ AMP 的浓度为 50 $\mu mol \cdot L^{-1}$,由于 AuNC 浓度过高,因此笔者认为 PEI 的加入对 Au/AgNC@ AMP 的发光有明显的猝灭效果,为后续进行定量检测提供较好的技术支持。

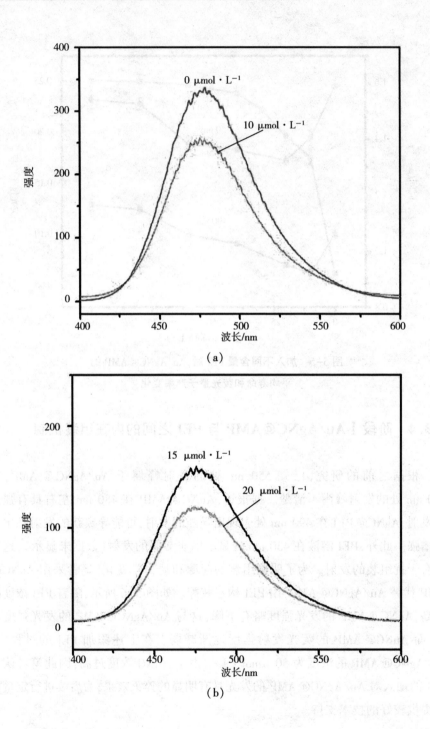

(a)

(b)

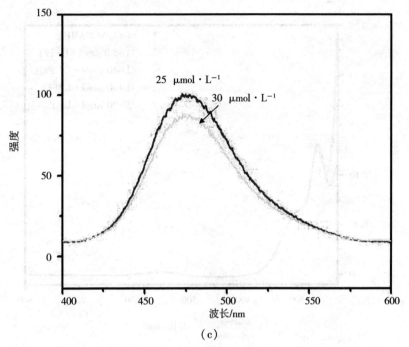

（c）

图 5-6　在不同浓度的 PEI 中 Au/AgNC@ AMP 的发光光谱

　　为了验证上述结论,笔者还对加入不同 PEI 的 Au/AgNC@ AMP 紫外-可见吸收光谱进行了分析,如图 5-7 所示。PEI 存在时,在 250~800 nm 之间保持吸收,说明没有发生较大的结构变化。

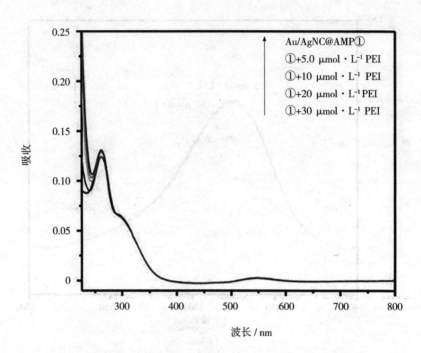

图 5-7　在不同浓度的 PEI 中 AuNC@ AMP 的紫外-可见吸收光谱

　　笔者利用 SEM 监测形态变化(图 5-8)。在 PEI 存在的情况下,形成了 200 nm 左右球体并有很强的聚集。结果表明,PEI 诱导的 Au/AgNC@ AMP 的增强与粒子中所涉及的银元素本质上相关。XPS 光谱分析证明,Au/AgNC@ AMP 中金含量约为 25.9%,银含量约为 74.1%,银原子覆盖在粒子表面。结果表明,在组装过程中,PEI 可能直接与 Au/AgNC@ AMP 表面的银相互作用,并随着 PEI 浓度的升高在 490 nm 处诱导外观并增强发射。

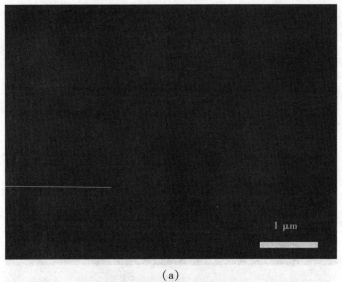

(a)

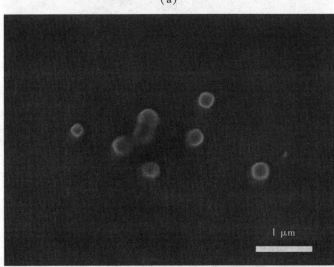

(b)

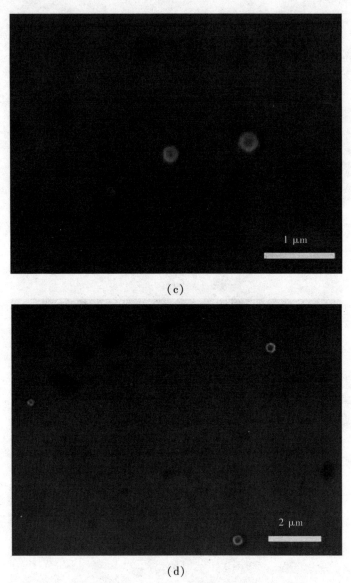

(c)

(d)

图 5-8 (a)无 PEI 的条件下 AuNC@ AMP 的 SEM 图;PEI 浓度分别为(b)10 μmol·L⁻¹、(c)20 μmol·L⁻¹ 和(d)30 μmol·L⁻¹ 的条件下 AuNC@ AMP 的 SEM 图

以前有报道,AMP 的磷酸基位于纳米团簇的外侧,在中性条件下显示负电荷;而 PEI 保留了显著的氨基,通常在表面显示正电荷。因此,有可能通过静电作用将这两个组件组装在一起。为了证明这一点,笔者使用 Zeta 电位来监测

PEI 滴定到含有 Au/AgNC@ AMP 的溶液过程中表面电荷的变化。如图 5-9 所示,当 PEI 的浓度从 0 μmol · L⁻¹ 变化到 30 μmol · L⁻¹ 时,Zeta 电位从负到正明显增加,证实了一个带相反电荷的表面和它们之间的静电结合。然而,当 PEI 的浓度超过 30 μmol · L⁻¹ 时,Zeta 电位值保持不变,表明在此条件下,没有更多的表面电荷被中和。因此,观察结果与 PEI 滴定后的发光变化高度一致,其中阶段 I 是在 30 μmol · L⁻¹ PEI 下完成的。综上所述,阶段 I 本质上是由静电相互作用驱动的,因此发光增强归因于 Au/AgNC@ AMP 与 PEI 配体之间的直接相互作用。

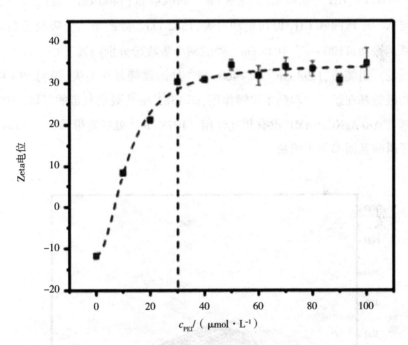

图 5-9　Au/AgNC@ AMP 在不同浓度 PEI 滴定时的 Zeta 电位变化

　　由于 Au/AgNC@ AMP 与 PEI 之间的静电作用是阶段 I 的主要驱动力,因此笔者研究了缓冲液的影响。如图 5-10 所示,与 HEPES-NaOH 缓冲液的发光增强相比,在磷酸盐缓冲液(PBS,10 mmol · L⁻¹,pH=7.4)中的发光增强相对较弱,在 PEI 浓度较高(≥30 μmol · L⁻¹)时甚至会发生猝灭。结果表明,PBS 可显著抑制或干扰 Au/AgNC@ AMP 与 PEI 之间的相互作用。由于配体 AMP 的磷酸基位于外表面,PBS 有利于纳米团簇的分散性,并阻断其静电相互作用。这一发现再次证实了 Au/AgNC@ AMP 与 PEI 之间的相互作用本质上是通过 AMP 的磷酸基与 PEI 中的氨基结合而诱导的,这与 Zeta 电位结果高度一致。

为了深入研究 Au/AgNC@ AMP 与 PEI 之间的结合模式,笔者采用 FT-IR 分别测量了 Au/AgNC@ AMP、PEI 及其组装体。如图 5-11 所示,Au/AgNC@ AMP 在 1625 cm^{-1} 处的特征吸收被指定为嘌呤模式,表明嘌呤优先与 C-NH$_2$ 垂直排列到核表面正线;1078 cm^{-1} 处的宽峰与磷酸基的几个吸收峰合并,这与之前 AuNC@ AMP 的研究一致。对于 PEI,观察到 5 个主要的振动带。初级氨基(—C—NH$_2$)和 CH 弯曲振动为 1298 cm^{-1} 的吸收带;1460 cm^{-1} 处的另一个吸收带与 N—H 弯曲和 CH$_2$ 剪切振动有关,1582 cm^{-1} 处的第三个吸收带归属于次级氨基振动;1120 cm^{-1}、1048 cm^{-1} 处的两个吸收带分别归属于 C—C 和 C—N 拉伸振动。组装后,1298 cm^{-1} 和 1460 cm^{-1} 处的强峰几乎消失,说明 PEI 中大量的初级氨基在组装中起到了关键作用;而 1582 cm^{-1} 处吸收带的保留,表明次级氨基与 Au/AgNC@ AMP 没有相互作用。1078 cm^{-1} 处的宽带移至 1070 cm^{-1},证明了磷酸基团参与了组装。

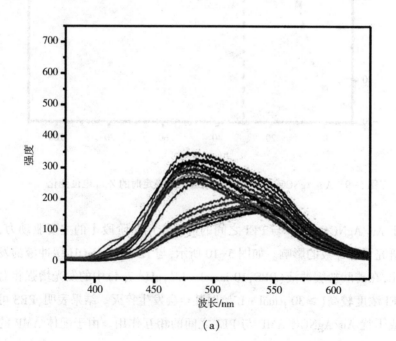

(a)

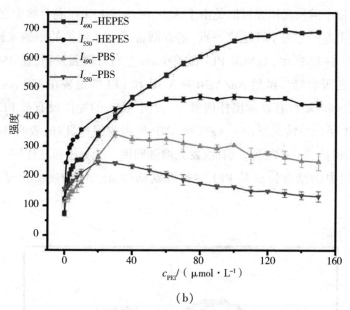

(b)

图 5-10 　(a)PBS 缓冲液中加入不同浓度 PEI(1.0~150 μmol·L⁻¹)Au/AgNC@ AMP 的
荧光光谱;(b)加入 PEI 后 HEPES-NaOH 缓冲液中相应的荧光强度

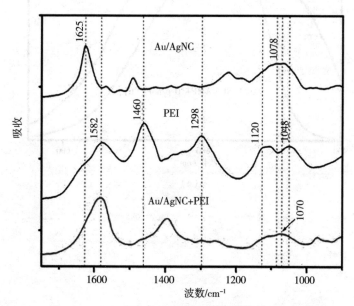

图 5-11 　Au/AgNC@ AMP、PEI 及组装体的 FT-IR 光谱

上述过程中的发光增强可能是由于 AMP 配体被 PEI 在混合物中交换的另一种可能性引起的。为了证明这一点,笔者制备了 PEI 保护的银纳米簇 AgNC @ PEI。如图 5-12 所示,AgNC@ PEI 在 490 nm 左右有较强发射,在 350 nm 处有一个广泛的吸收峰。虽然 Au/AgNC@ AMP 和 PEI 的组装在 490 nm 处的发射增强,但在该区域没有显示出任何吸收,说明 AMP 的配体没有被 PEI 取代。此外,在 PEI 存在的情况下,Au/AgNC@ AMP 的吸收保持良好,表明 Au/AgNC @ AMP 的结构被进一步处理。因此,发光增强归因于超分子相互作用。综上所述,组装过程中的结合位点是 PEI 的初级氨基和 Au/AgNC@ AMP 表面的磷酸基。

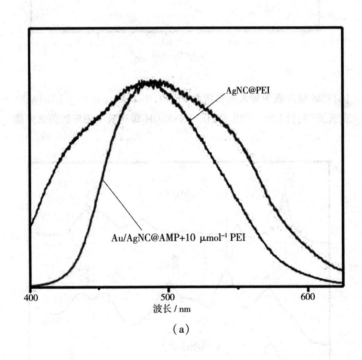

(a)

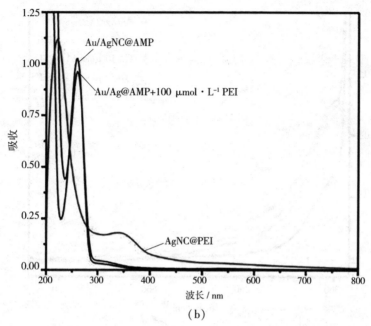

(b)

图 5-12 （a）AgNC@ PEI、Au/AgNC 和 PEI 在 HEPES-NaOH 缓冲溶液中的荧光光谱；
（b）在 HEPES-NaOH 缓冲溶液中不同物质的紫外-可见吸收光谱

5.3.5　PEI 的胶束聚集诱导了阶段 Ⅱ Au/AgNC@ AMP 的进一步发光增强

　　笔者利用紫外-可见吸收光谱监测了 Au/AgNC@ AMP 对 PEI 的响应。如图 5-13 所示，除了 PEI 存在时的基线变化外，吸收几乎是恒定的，说明 Au/AgNC@ AMP 的表面电子能在与 PEI 相互作用时没有变化。此外，在低浓度的 PEI 存在下，基线向上漂移，然后随着 PEI 量的增加而恢复到初始状态。结果表明，组装体在此过程中先变得混浊，然后恢复澄清，表明在组装体中形成胶束状聚集。因此，通过在 600 nm 处的吸光度计算出透过率的结果表明，随着 PEI 的加入，透过率降低，然后恢复到初始状态，在 30 μmol · L^{-1} 的 PEI 存在时达到最小值，与发光响应两阶段的转折点一致。可能是胶束状的聚集促进了纳米团簇转移到一个极性环境（在胶束内部）进而诱导更紧密的聚集。

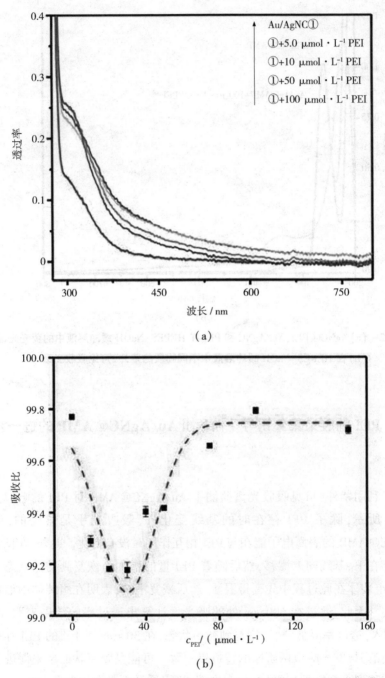

(a)

(b)

图 5-13　(a) Au/AgNC@ AMP 不同浓度 PEI 中的紫外-可见吸收光谱；

(b) 不同浓度 PEI 滴定时 Au/AgNC@ AMP 的透射变化

　　为了验证胶束聚集的形成,笔者采用动态光散射(DLS)对该过程进行了监测。如图 5-14 所示,在 HEPES-NaOH 缓冲液中,Au/AgNC 颗粒大小分布在 3.60 nm 左右,大于 Au/AgNC 的核心尺寸(2.20 nm);而 PEI 的颗粒大小分布在 4.20 nm 左右。但在 PEI 的存在下,组装体尺寸显著增加到 500 nm,然后随着 PEI 的加入逐渐增加,在 30.0 μmol·L⁻¹ 的 PEI 存在下,组装体尺寸达到最大值 1280 nm。结果表明,在滴定过程中形成了较大的聚集体。随着 PEI 含量的进一步增加,在 125 nm 左右出现了另一个大颗粒,可能与胶束的形成有关。计算结果与透过率变化的计算结果吻合较好。

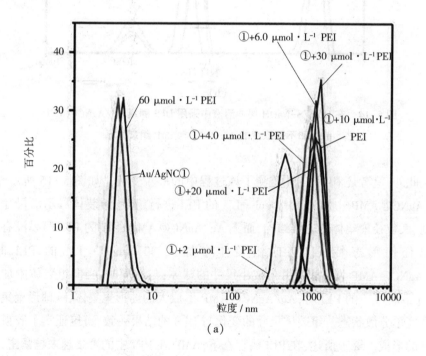

(a)

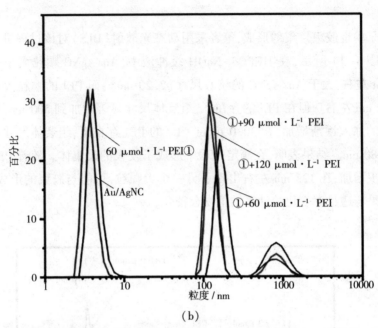

（b）

图 5-14　在 HEPES-NaOH 缓冲溶液中采用 DLS 测量 Au/AgNC@ AMP、
PEI 和不同浓度的 Au/AgNC@ AMP 组装体系

　　此外，笔者还利用 SEM 监测了该过程中的形貌变化。如图 5-15 所示，向 Au/AgNC@ AMP 中加入 10 μmol · L^{-1} 的 PEI 进行组装，组装体展示出尺寸不规则、大粒径聚集体的三维结构，而无 Au/AgNC@ AMP 组装的 PEI 薄膜没有显示出任何形态特征。当向组装体中加入 30 μmol · L^{-1} 的 PEI 时，Au/AgNC@ AMP 发生聚集并形成小尺寸的球体；与此同时，当向组装体中加入 100 μmol · L^{-1} 的 PEI 时，Au/AgNC@ AMP 形成大的球形聚集体，该球形聚集体呈高度单分散状态。组装体尺寸的变化与 DLS 的结果一致，直接证实了胶束状聚集的形成。综上所述，在 PEI 的存在下，AMP 在 PEI 中的聚集越来越紧密，胶束的形成使纳米团簇在疏水环境中更紧密地聚集。

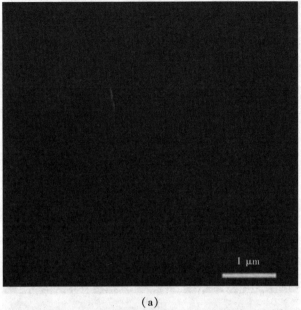

(a)

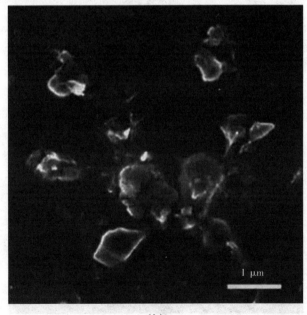

(b)

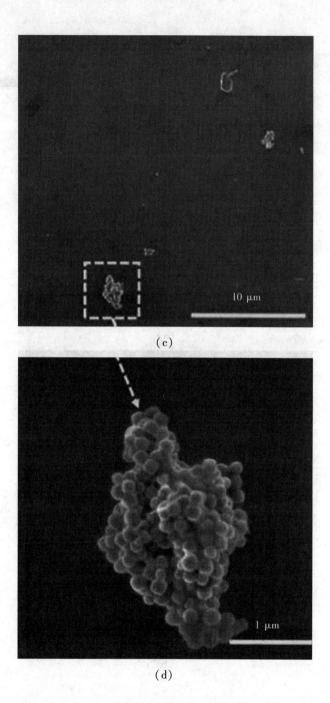

（c）

（d）

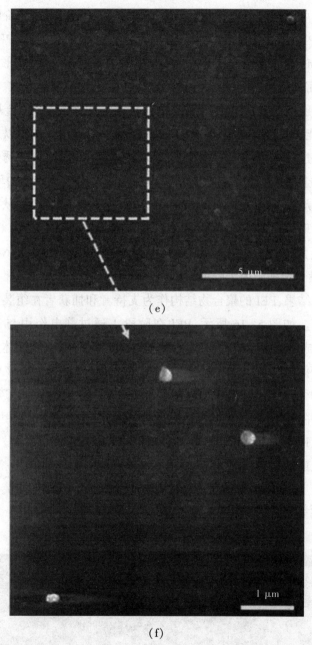

(e)

(f)

图 5-15　(a) 未添加 PEI 的 Au/AgNC@ AMP、(b) 加入 10 μmol · L⁻¹ 的 PEI 与
Au/AgNC@ AMP 组装体、(c)(d) 加入 30 μmol · L⁻¹ 的 PEI 与 Au/AgNC@ AMP 组装体、
(e)(f) 加入 100 μmol · L⁻¹ 的 PEI 的 Au/AgNC@ AMP 组装体的 SEM 图

由于 PEI 可以通过静电作用与 Au/AgNC@ AMP 组装,并在阶段 I 形成大的聚集,其中 PEI 作为支持者和捕获者起着重要的作用。因此,PEI 可以封装 Au/AgNC@ AMP 形成复合粒子。在大量 PEI 存在的情况下,系统形成胶束状聚集,增强了表面电荷和静电斥力,导致组装尺寸变小且高度单分散。众所周知,纳米团簇的发射依赖于配体到金属的电荷转移或配体到金属-金属的电荷转移,因此发射能量直接受到配体-配体和/或金属-金属相互作用以及微环境的影响。在组装过程中,凝聚聚集降低了纳米簇之间的平均距离,诱导了纳米簇之间存在的强金属-金属相互作用,从而将纳米簇推向极性较低的环境,使纳米簇发射蓝移。大量的 PEI(≥30.0 μmol · L^{-1})诱导了胶束的形成,从而将纳米簇转移到疏水的环境中,并诱导它们越来越近。在 100 μmol · L^{-1} 的 PEI 存在下,纳米簇聚集更紧密,进一步形成大颗粒。因此,阶段 II 的 Au/AgNC@ AMP 在 490 nm 处的发光增强归因于胶束的形成。

综合以上结果,PEI 的聚合物结构作为支持者和捕获者在组装中都起着至关重要的作用。如图 5-16 所示,PEI 在阶段 I 通过静电作用与 Au/AgNC@ AMP 组装,形成了封装结构,提高了稳定性。它通过限制盖帽配体的分子内振动和旋转来降低激发态的非辐射弛豫,并在 550 nm 处诱导了 Au/AgNC@ AMP 的显著发射增强。当组装体中出现更多的 PEI 时,它与 Au/AgNC@ AMP 形成胶束状聚集,并将纳米团簇推向极性较低的环境,在小于 2 nm 的距离下聚集更紧密。它极大地增强了纳米簇之间的金属-金属相互作用,并通过辐射途径促进了激发态弛豫动力学,导致了阶段 II 纳米簇发射的蓝移和增强。这两种效应都可以归因于 Au/AgNC@ AMP 的 AIEE 特性,提高了发射率,使荧光量子产率从 8.64% 提高到 25.02%。

图 5-16　PEI 与 Au/AgNC@ AMP 的组装机理图

5.4　结论

为了提高 Au/AgNC@ AMP 的荧光量子产率,笔者构建了 Au/AgNC@ AMP 与 PEI 的组装体,导致 Au/AgNC@ AMP 的发光显著增强,荧光量子产率从 8.64% 提高到 25.02%,显示出明显的 AIEE 特性。其中,发光发射从 550 nm 蓝移到 490 nm,增强过程被清楚地分为两个阶段。同时对其内在机理进行了深入研究,表明阶段 I 是由于它们之间的静电作用形成封装结构,诱导 Au/AgNC@ AMP 在 550 nm 处显著增强;当体系中 PEI 含量较高时,与 Au/AgNC@ AMP 形成胶束状聚集,导致阶段 II 蓝移,纳米簇发射增强。本书研究设计了一种具有 AIEE 性能的 Au/AgNC@ AMP 和 PEI 的组装体,揭示了其内在机理,有助于理解 AIEE 机理和金属纳米簇的设计原理。

第6章　AMP 保护的 AuNC 的结构和发光性能的压力诱导荧光光谱及二维相关分析

6.1　引言

　　AuNC 因其显著的荧光特性而越来越受到人们的关注。AuNC 已在荧光传感、生物成像、光动力治疗等多个领域得到广泛应用。近年来,一系列以腺嘌呤或其衍生物保护的荧光 AuNC 被合成,其在生物学上显示出巨大的应用潜力。这些研究表明,AuNC 的荧光发射是由配体-金属电荷转移、配体-金属-金属电荷转移和金属核中的量子限制引起的,这在很大程度上依赖于金属核的内在量子化效应和配体的性质。

　　此外,高荧光量子产率对于 AuNC 提高其发光效率从而扩大其在生物系统特别是临床诊断中的应用至关重要。然而,NC 发射的起源不能简单地归因于小金属核的量子约束效应,也与 NC 表面上的封盖配体有关。配体到金属的电荷转移或配体到金属-金属的电荷转移通过以金属为中心的三重态导致辐射弛豫。分子的堆叠类型包括分子排列、构象灵活性和分子间相互作用,能够改变配体/配体、配体/金属和金属/金属相互作用,反过来影响激发态弛豫动力学,从而影响发光特性。因此,外部刺激(如温度或静水压力)可能会影响配体分子堆积模型的变化,使发光位置或量子产率的变化,从而导致发射颜色和强度的变化。

　　二维相关光谱(2DCOS)概念的提出使 2DCOS 成为一种非常强大的分析技术,应用广泛,特别是对复杂的聚合物、蛋白质和多肽等大分子的振动光谱分析。在本研究中,笔者应用原位荧光光谱,结合二维相关光谱,研究了 AMP 保护的 AuNC@ AMP 在水溶液中的压力诱导光学性质和配体构象变化。目的是了解光学现象的基本机理,特别是纳米团簇中配体的关键因素。通过 2DCOS 分析,对压力下的弱重叠谱分量进行了区分和分配。此外,还揭示了序列的光谱变化,分别比较了在 60 ℃ 和 80 ℃ 下制备的 AuNC@ AMP 的压力诱导发光性能。结果表明,在 60 ℃ 下制备的 AuNC 更稳定,具有更好的耐受性。最后,证实了 AMP 在金表面的取向对亮度性能的调节,特别是对压缩的发射强度起着至关重要的作用。

6.2　实验与仪器

6.2.1　实验药品

本章采用了如下试剂及药品:氯金酸($HAuCl_4$)99%、柠檬酸钠99%、硝酸银($AgNO_3$)99%、硼氢化钠($NaBH_4$)99%、氢氧化钠99%、磷酸一氢钠99%、磷酸二氢钠99%、硫酸奎宁99%、聚乙烯亚胺(PEI)、5′-单磷酸腺苷(AMP)、2-4-(2-羟乙基)-1-哌嗪乙磺酸(HEPES)、蒸馏水,所用药品及试剂皆为化学纯级别。

6.2.2　实验设备

本章所使用的仪器设备如表 6-1 所示。

表 6-1　仪器名称和仪器型号

公司	仪器型号
水热合成反应釜	KH-10
电热鼓风干燥箱	DHG-9030
荧光光谱仪	RF-5301PC
紫外可见近红外分光光度计	UV-3600
透射电子显微镜	JEM-2100F

续表

公司	仪器型号
稳态/瞬态荧光光谱仪	FLS980
真空 FT-IR 光谱仪	Vertex 80V
扫描电子显微镜	JSM-6700F
高分辨 Zeta 电位及粒度分析仪	ZetaPALS

6.3 结果与讨论

利用水热法和过量的 AMP,在不同温度下制备了 AuNC@AMP。TEM 图显示,在 80 ℃ 下获得的 AuNC@AMP 具有高度结晶和单色散,荧光量子产率较高(14.52%)且斯托克斯位移较大(152 nm)。此外,XPS 研究表明,Au(0) 位于粒子内部,而 Au(Ⅰ) 覆盖在粒子表面,两者都受到配体 AMP 的保护。核磁氢谱和核磁磷谱分析表明,腺嘌呤和氨基与金表面相互结合。此外,红外分析显示,平面内剪式振动模式在 1696 cm^{-1} 处几乎消失了,而在 1602 cm^{-1} 处出现最强的峰值,这比 1595 cm^{-1} 处嘌呤环模式弱得多,嘌呤环可能通过其 N7 孤对和外部-NH$_2$ 与金相互作用,并向金核表面直立排列;而其通过它的孤对电子与磷酸盐相互作用。

研究表明,在不同温度下制备的 AuNC@AMP 的发光效果有所不同。与在其他温度下制备的相比,在 80 ℃ 下制备的 AuNC@AMP 具有更高的荧光量子产率和更强的发射。

AuNC@AMP 在实验室室温可保存 3 个月以上,具有良好的光稳定性。将其加热到 37 ℃,然后通过循环处理冷却到室温,发现 AuNC@AMP 的发光可以很好地恢复。然而,除了时间和温度外,压力等其他因素对 AuNC@AMP 的结构和发光特性的影响尚未见报道,接下来本章将对其进行探讨和讨论。

6.3.1 AuNC@AMP 的压力诱导荧光光谱

图 6-1 为一定压力范围下 60 ℃ 制备的 AuNC@AMP 的压力诱导荧光光

谱,分别分为 0.0001~1.67 GPa、1.67~2.44 GPa 和 2.44~4.75 GPa 三组,便于说明。在 490 nm 处观察到一个发射带,归属于金和腺苷衍生物的复合物,并归因于保护基团和表面 Au(I)之间的相互作用。该光谱表明,发射带的位置和 AuNC@ AMP 的强度随着压缩的变化而变化。根据强度随压力的变化,可将原始光谱分为三组。首先能带强度在 0.0001~1.67 GPa 范围内减小,然后在 1.67~2.44 GPa 范围内增大,最后在 2.44~4.75 GPa 范围内再减小,带形由窄变宽,再变窄。在 450 nm 处逐渐出现弱峰,同时,随着在 490 nm 处的压缩,初始波段逐渐向更高的波长转移,但与强度的波动相比还不太明显。

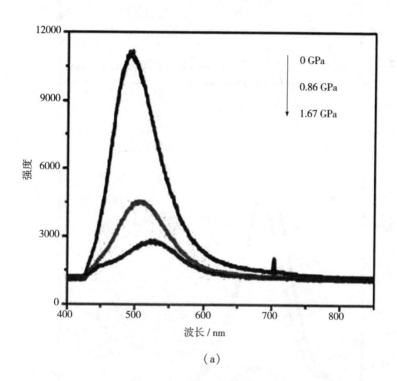

(a)

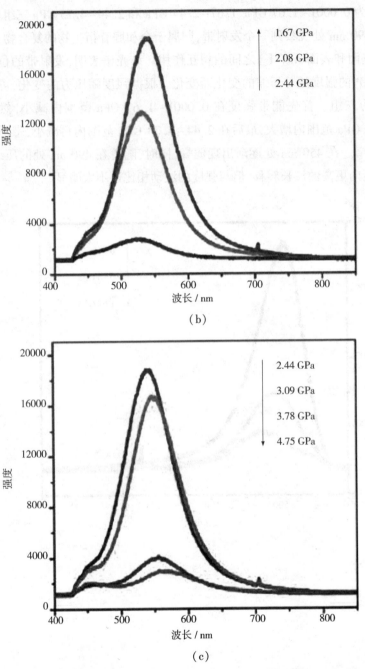

图 6-1　在 60 ℃不同压力范围内,AuNC@ AMP 的原位压力诱导荧光光谱

(a)0. 0001~1. 67 GPa;(b)1. 67~2. 44 GPa;(c)2. 44~4. 75 GPa

　　由于 NC 中细微而复杂的变化导致光谱重叠,很难从原始荧光光谱中减去关于 AuNC@ AMP 与压力的 NC 间相互作用的详细信息。相比之下,二维相关光谱不仅可以通过将光谱扩展到第二维来促进重叠峰的反褶积,还提供了关于配体排列的额外有用信息。因此,本章利用二维相关分析进一步阐明压力诱导发光变化的内在动态机制。根据 AuNC@ AMP 在不同压力范围下的压力诱导荧光光谱,进行二维相关分析,并绘制出相应的等高线图,如图 6-2 所示。

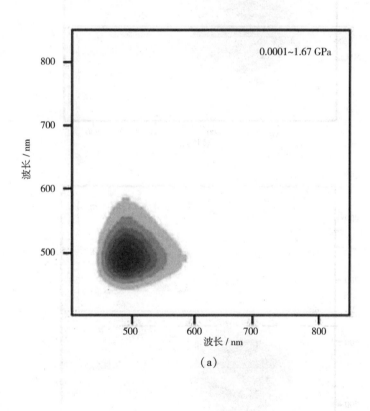

(a)

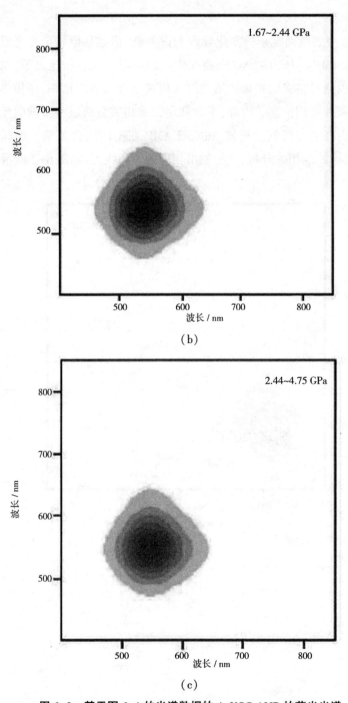

（b）

（c）

图6-2　基于图6-1的光谱数据的 AuNC@ AMP 的荧光光谱

在同步图中 0.0001~1.67 GPa 的压力范围内,正自峰以(490,490)nm 为中心,表明该波段在 490 nm 左右对压缩有敏感性。更详细的峰分辨率和光谱序列变化可以从异步图中得到,其中可以观察到一个以(515,480)nm 为中心的负交叉峰。结果表明,在 480 nm 和 515 nm 处的条带对压缩刺激反应强烈。值得注意的是,在(480,455)nm 附近有弱负相关,与(515,480)nm 峰重叠。显然,2DCOS 显示的(480,455)nm 附近的负相关有助于进一步证实在 450 nm 处出现的微弱尖峰。根据 Noda 规则,结合图 6-1 的结果,可以得出 0.0001~1.67 GPa 压力范围下的顺序谱变化为:455 nm、480 nm、515 nm。2DCOS 揭示的这些新光谱成分的产生应该是导致 490 nm 发射峰下降和带形随压力变宽的原因。

固态分子的发光特性取决于分子的堆积模式(聚集态)、构象的灵活性和分子间的相互作用。对于金属纳米簇来说,发光主要源于配体到金属的电荷转移或配体到金属-金属的电荷转移。至于 AuNC@AMP,发光性能应该与内部相互作用密切相关。根据之前的报道,由于保护基团与表面 Au(I)之间的相互作用,波长小于 500 nm 的发光与金和腺苷衍生物的复合物密切相关。因此,在 455 nm 和 480 nm 处出现的峰应归因于配体 AMP 与表面 Au(I)随压力的收缩,AuNC@AMP 之间的相互作用得到改善。收缩也限制了配体的分子内振动和旋转,减少了激发态的非辐射弛豫,从而在 LMCT 和/或 LMMCT 的基础上优化了辐射能量传递。对于 515 nm 处的能带,应该是相邻 NC 之间的表面 Au(I)/Au(I)亲中性相互作用,导致发射能量的降低,发射能量通过压缩而增强,并导致发射红移。连续的光谱变化,即 455 nm 和 480 nm 波段的先验响应表明,AuNC 的外部配体 AMP 对压缩更为敏感。与发射带移相比,强度变化的原因应该更为复杂,与 NC 的大小、均匀性和规律性、配体结构的构象灵活性以及它们在金核表面上的取向密切相关。一般来说,良好的均匀性以及秩序和规律的数控能够导致高发射强度,此外,发射 AuNC@AMP 可以加强低磷酸盐和更垂直的黄金表面,这有利于电荷从配体转移到金属核心。在 0.0001~1.67 GPa 的压力范围内,490 nm 处的发射强度明显降低,这应该与压缩导致的收缩引起的条带亲和度的增加以及 NC 的不均匀性和无序性密切相关。然后在 1.67~2.44 GPa 的压力范围内进一步压缩,在同步图的(540,540)nm 处出现自动交叉峰;在(565,520)nm 处呈强负相关,在(520,485)nm 附近呈弱负相关。

经压缩后的顺序谱变化为 485 nm、520 nm、565 nm。类似于在压缩的初始阶段，在 485 nm 处出现的条带是因为配体 AMP 和表面 Au(Ⅰ)之间的相互作用进一步增强。而在 520 和 565 nm 处的条带则是由于相邻 NC 之间增强的表面 Au(Ⅰ)/Au(Ⅰ)亲中性相互作用。

此外，2DCOS 显示的连续光谱变化表明了发射的持续红移。值得注意的是，在这个压力范围内的红移伴随着发射强度的显著增加，这可能与金表面上的嘌呤环和磷酸盐基团的取向密切相关。由于配体 AMP 随着压缩而产生的动态构象变化，嘌呤环可能在金表面变得更加直立，从而导致 AuNC 具有更高的荧光量子产率。

最后，随着压力增加到最高阶段，即 2.44~4.75 GPa，2DCOS 同步图显示了一个以(550,550)nm 为中心的自动交叉峰，如图 6-2(c)所示，形状与图 6-2(b)相似，但在更高的波长。然而，对于异步图的情况明显不同，可以观察到两个交叉峰，即(605,545)nm 和(545,455)nm，分别表明顺序谱变化为 605 nm、545 nm 和 455 nm、545 nm。在 545 nm 处的条带迅速减少，带形扩大是由于在 455 nm 和 605 nm 处产生了新的条带，具有更大的压力。

基于图 6-1 的荧光光谱和 AuNC@ AMP 的荧光光谱可知，455 nm 处的荧光发射峰位的连续增强是由于配体和金核之间的相互作用；而发射峰谱带在 605 nm 可能归因于 Au(0)和 Au(Ⅰ)之间的金属-金属相互作用。随着 Au(0)与 Au(Ⅰ)在金属纳米簇表面的比例关系的增加，金核表面配体之间的空间位阻受到高度压缩，进而使金属核心更加聚集，金属核中 Au(0)—Au(0)键距离缩短，从而导致荧光发射发生大幅度红移，如图 6-3 所示。此外，高压也可能导致团簇核心的几何形状发生扭曲，抑制电子辐射跃迁从而导致荧光发射强度降低。同时，发射强度的快速降低可能与 AMP 在金核表面的构象变化密切相关，使配体中嘌呤环没有完全垂直于金核表面。

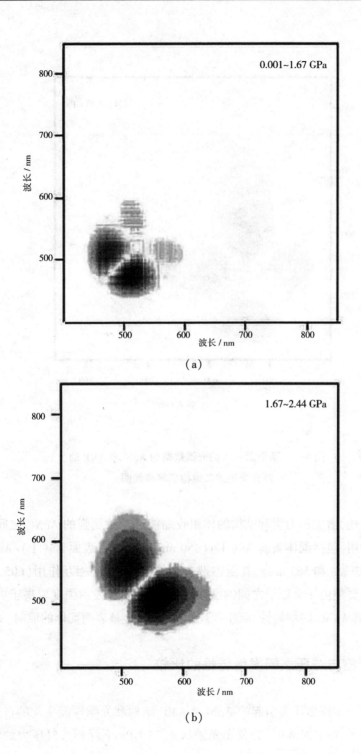

（a）

（b）

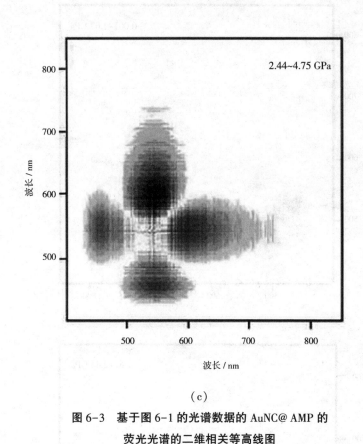

（c）

图 6-3　基于图 6-1 的光谱数据的 AuNC@ AMP 的
荧光光谱的二维相关等高线图

综上所述,增加压力引起结构的体积收缩能够导致更强的 AuNC 之间或内部的相互作用,包括配体表面 Au(Ⅰ)(450 nm、480 nm),表面 Au(Ⅰ)/Au(Ⅰ)(515 nm、520 nm 和 565 nm),甚至内部金属核心 Au-Au 相互作用(605 nm)。发射红移主要是由于金原子之间的亲酸性相互作用,而发射强度取决于更复杂的因素,包括 AuNC 的均匀性、顺序和规律性,以及金核表面配体的取向。

6.3.2　压缩与减压之间发射特性的比较

为了进一步探索压力引起的 AuNC@ AMP 结构和光学性能变化的可逆性,笔者还记录了 AuNC@ AMP 的荧光光谱从 4.75 GPa 下降到大气压力的情况。

结果表明,575 GPa 下在 553 nm 处的光谱强度显著增加,而弱肩减小 450 nm。然而,随着压力的不断减小,从原始的一维光谱来看,强度的变化和带移都看起来就不那么清楚了。

　　2DCOS 详细地揭示了更多的光谱变化。在图 6-4 中的同步等高线图中,可以看到两个分别以 (490,490) nm 和 (565,565) nm 为中心的正自峰,(580,565) nm 和 (565,515) nm 的正相关,以及 (580,450) nm 的弱负正相关。如图 6-5 和图 6-6 所示,连续的光谱带变化为 580 nm、565 nm、515 nm,这与压缩时的变化相反。发射蓝移应归因于金原子在 AuNC 之间或金属核内的亲酸性相互作用不断减弱。在 (580,450) nm 附近微弱的负异步峰表明配体与表面 Au(Ⅰ) 之间的相互作用在解压时减弱。

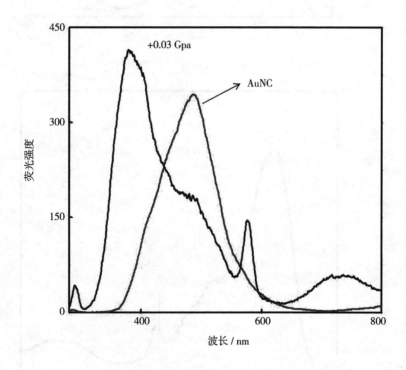

(a)

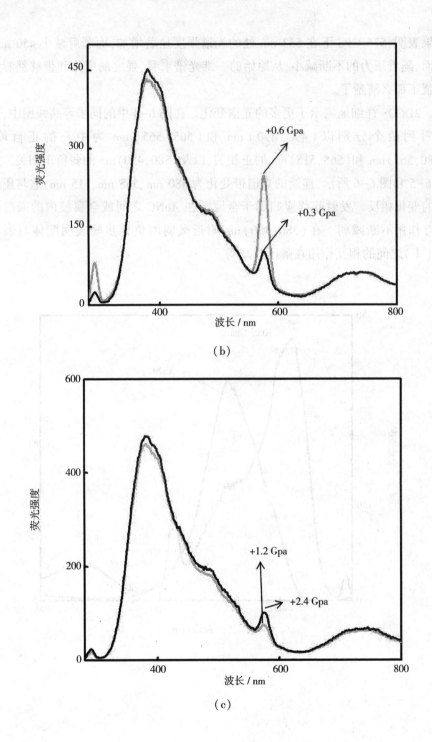

（b）

（c）

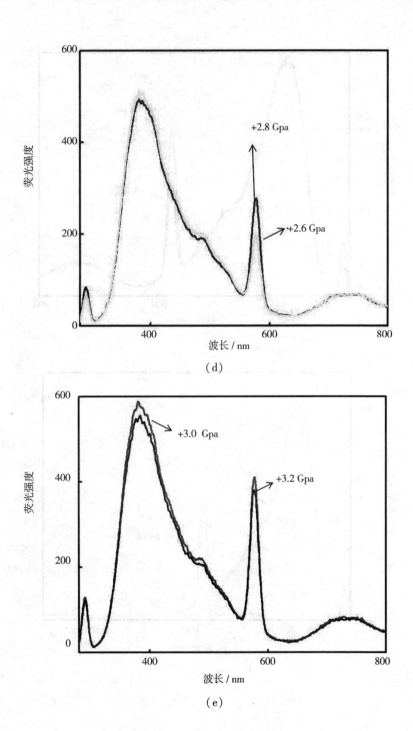

（d）

（e）

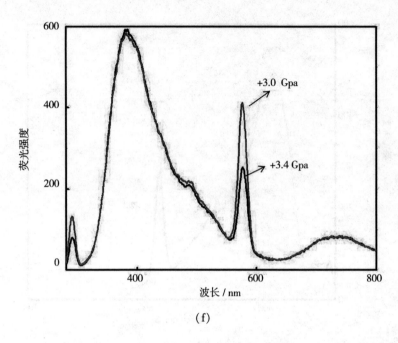

(f)

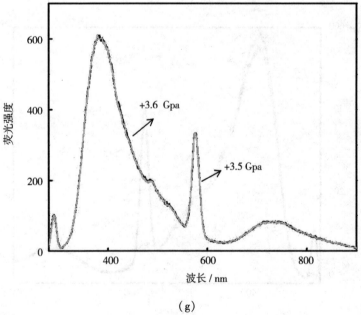

(g)

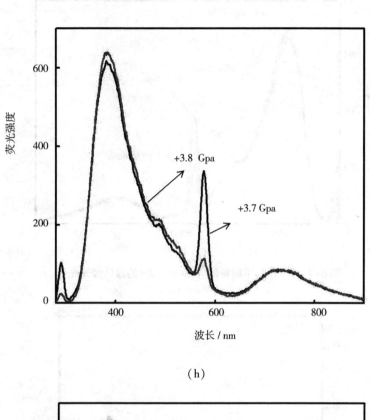

（h）

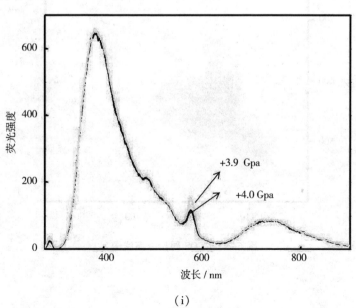

（i）

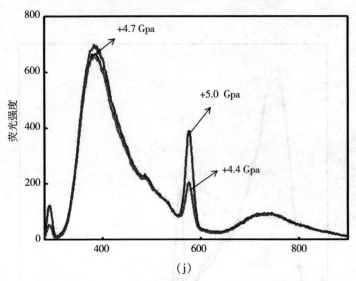

（j）

图 6-4   在 60 ℃下制备的 AuNC@ AMP 的原位荧光光谱

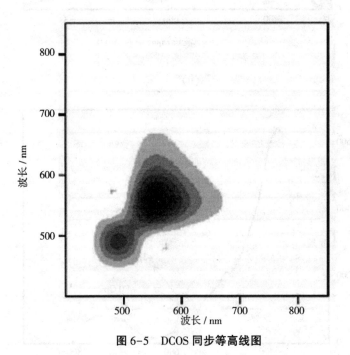

图 6-5   DCOS 同步等高线图

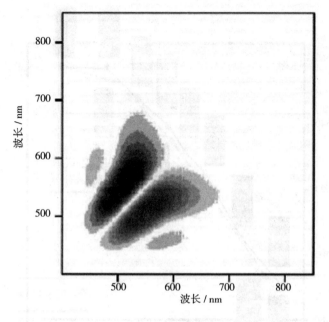

图 6-6　异步等高线图

　　图 6-7 显示了在 60 ℃下制备的 AuNC@AMP 在压缩和解压缩之间的荧光光谱带移和颜色变化。可以看出,在压缩排放时,红移从 490 nm 移到 556 nm,颜色由蓝色变为绿色。而在解压后,蓝带从 556 nm 转移到 490 nm 原始位置,颜色从绿色恢复到原来的蓝色。说明压力引起的荧光带移变化具有规律性同时具有良好的可逆性。结果表明,压力可能只引起 AuNC 之间或内部不同相互作用的堆叠模式的变化,而没有发生相变。在 80 ℃下制备的 AuNC@AMP 的带移如图 6-8 所示。可以看出,对于这两种 AuNC@AMP,带移总体上是规则的和可逆的,红移为压缩,蓝移为解压缩。此外,它们之间的最终带移(Dl)也非常接近。这进一步证实了压力只是引起了结构的变化,而没有发生相变。然而,对于 80 ℃制备的 AuNC@AMP,通过详细比较,压缩线与解压缩线的偏离更大,表明在带移路径中有部分不可逆性,特别是在较高的压力范围内。

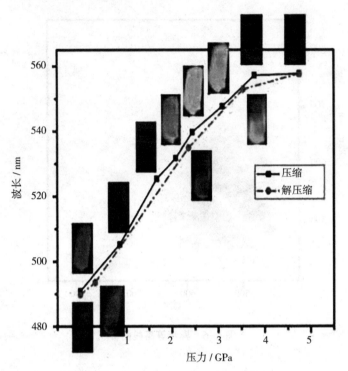

图 6-7 60 ℃ 下制备的 AuNC@ AMP 的荧光带移和颜色变化，
分别进行压缩和解压缩

图 6-8 分别显示了基于压缩和解压缩在 80 ℃下制备的 AuNC@ AMP 的荧光光谱的等高线图。一个弱交叉峰中心在 480 nm 1. 0 GPa，两个强交叉峰在 550 nm 2. 0 GPa 和 550 nm 3. 5 GPa，表明在 0. 0001 ~ 1. 0 GPa、1. 0 ~ 2. 5 GPa 和 2. 5 ~ 4. 5 GPa 的压力范围内，480 nm 和 480 nm 和 550 nm 谱带对应的 NC 结构在压缩下发生显著变化，压力最初引起 480 nm 的光谱变化。与 60 ℃ 制备的情况相比，80 ℃ 制备的 AuNC@ AMP 的发射强度随着压缩而显著降低，但随着压力的释放却没有恢复到原来的发射强度。综上所述，嘌呤环和部分磷酸盐更加垂直于金核表面是荧光量子产率大幅度提升的关键因素，因此荧光发射强度的增强取决于配体 AMP 与金核表面的接触角度，高压条件下破坏了该结构，使荧光难以恢复。此外，配体的空间旋转角度很难有效保护 AuNC@ AMP 不被扭曲或者压缩。这种配体-金属结构部分可能会被破坏，特别是在较高的压力下，这也导致了荧光发射强度的不可逆变化。

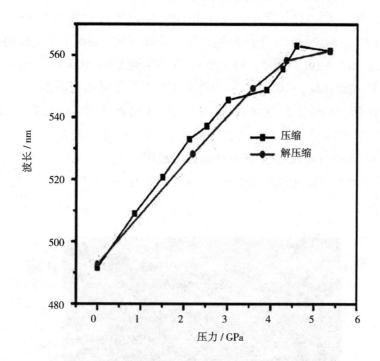

图 6-8　80 ℃ 下制备的 AuNC@ AMP 的荧光带移和颜色变化，
分别进行压缩和解压缩

　　结合光谱发射波长红移的结果与 2DCOS 二维谱图分析可知,荧光发射峰值强度变化与压缩和解压缩正相关,表明荧光谱带的位移具有规律性和可逆性,而发射强度的变化与压力之间并无明显的可逆性,而是依赖于许多其他因素,其变化更加复杂。

6.3.3　不同温度下制备的 AuNC@ AMP 的压力诱导发光性能比较

　　图 6-9 为在 80 ℃ 条件下合成的 AuNC@ AMP 的相关 DCOS 等高线图。由图可知,封装配体的锚定组和表面 Au(Ⅰ)进一步结合后,压缩过程中其等高线峰值强度的变化如下:当压力降低至 2.0 GPa 时,AuNC@ AMP 发射强度降低;在 2.0~3.5 GPa 的压力范围内,其发射强度上升并红移。然而解压缩后,在

550 nm 和 480 nm 处的发射光谱波段出现两个宽交叉峰,分别位于 3.0 GPa 和 1.5 GPa,如图 6-9(b)所示。在 3.0 GPa 处的发射波段宽交叉峰应该是 3.5 GPa 和 2.0 GPa 处的两个峰的合并,然而在压缩的情况下两波段的交叉峰是分开的,如图 6-9(a)所示。综上所述,压力引起的 AuNC@ AMP 的结构变化过程如下:初始压缩(不超过 1.0 GPa)主要针对配体基团与表面 Au(Ⅰ)之间的相互作用,此时导致在 455 nm 和 480 处出现弱发射带;进一步压缩(2.5 GPa),增强了 Au(Ⅰ)- Au(Ⅰ)相互作用,导致荧光发射发生红移,至 520 nm 和 565 nm 波段;最后在更高的压力范围 2.5~4.5 GPa,605 nm 处产生新条带,是由于金属核的参与和亲酸性 Au(0)- Au(0)相互作用的增强。

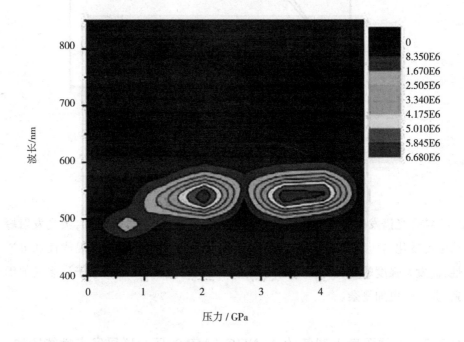

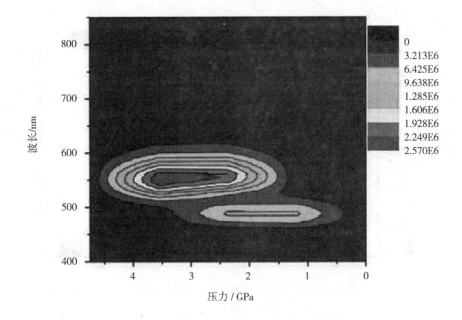

图 6-9　在 80 ℃ 时合成的 DCOS 等高线图

值得注意的是,60 ℃ 下制备的 AuNC@ AMP 在 2.5 GPa 下进行压缩,其最大发射峰强度值为 20000,接近在 80 ℃ 下制备的样品 25000 的初始发射峰值强度。说明 60 ℃ 下制备的 AuNC 在 2.5 GPa 时配体 AMP 的方向更加直立于金核表面,与在 80 ℃ 时制备的情况一样。在 60 ℃ 下制备的 AuNC@ AMP 的最大发射峰强度随着压力增加到 2.5 GPa 而迅速降低,并且没有完全恢复,进一步证实了上述推断。

图 6-10(a)展示了压缩和解压缩时在 80 ℃ 制备的 AuNC@ AMP 的发射峰值强度变化以及在 365 nm 紫外灯照射下的荧光图片。图 6-10(b)为 60 ℃ 时制备的 AuNC@ AMP 的压缩和解缩时的发射峰值强度变化。由图可知,在 60 ℃ 下制备的 AuNC 更稳定,具有更好的耐压性。进一步证实了 AMP 在金表面的取向对压力诱导 AuNC@ AMP 的亮度具有调节作用,特别是对发射强度的调节起着重要的作用。因此配体越垂直于金核表面,其荧光量子产率和发射强度越高,但是稳定性越差,对压力的耐受性也越差。

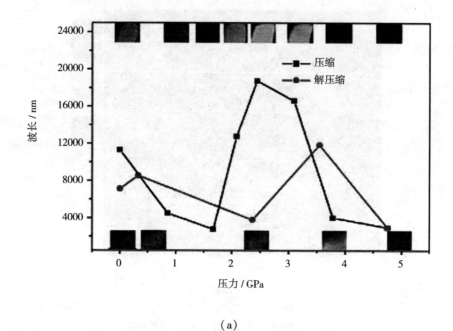

(a)

图 6-10　压缩和解压缩时的发射峰值强度变化

(a) 80 ℃时制备的 AuNC@ AMP；(b) 60 ℃时制备的 AuNC@ AMP

6.4　结论

　　AuNC@ AMP 的压力诱导结构变化如下:初始压缩(不超过 1.0 GPa)为配体与表面 Au(Ⅰ)之间的相互作用,导致 455 nm 和 480 nm 处出现弱带;进一步压缩(2.5 GPa)增强亲中性的 Au(Ⅰ)-Au(Ⅰ)相互作用,导致发射红移至 520 nm 和 565 nm;最后在更高的压力范围内 2.5~4.5 GPa,由于金属核参与,亲酸性 Au(0)-Au(0)相互作用增强,在 605 nm 处产生新的发射峰带。此外,发射的红移更有规律性和可逆性,表明在压力作用下配体和金核没有发生相变。

　　综上所述,发生上述现象主要是表面配体或金属核内金原子之间的亲酸性相互作用导致,相比之下,对其他因素的依赖性较弱,使发射强度的变化相对较小。此外,在 60 ℃和 80 ℃制备的 AuNC@ AMP 之间的压力诱导发光性能表明,在 60 ℃制备的 AuNC 更稳定,具有更好的压力耐受性。这也证实了 AMP 在金表面的取向对荧光发射的调控起着重要的作用,特别是在压缩时的发射强度红移方面。因此,本研究有助于激发更多关于发光金属纳米粒子原子级设计的实验和理论研究,并在原子水平的光电领域的应用中具有广阔的前景。

参考文献

[1] ZENG J L, GUAN Z J, DU Y, et al. Chloride-Promoted Formation of a Bime-tallic Nanocluster $Au_{80}Ag_{30}$ and the Total Structure Determination [J]. Journal of the American Chemical Society, 2016, 138(25):7848-51.

[2] ZHENG J, DICKSON R M. Individual water-soluble dendrimer-encapsulated silver nanodot fluorescence [J]. Journal of the American Chemical Society, 2002, 124(47):13982-13983.

[3] PETTY J T, JIE Z, HUD N V, et al. DNA-Templated Ag Nanocluster Forma-tion [J]. Journal of the American Chemical Society, 2004, 126 (16): 5207-5212.

[4] YUAN X, LUO Z T, ZHANG Q B, et al. Synthesis of Highly Fluorescent Metal (Ag, Au, Pt, and Cu) Nanoclusters by Electrostatically Induced Reversible Phase Transfer [J]. Acs Nano, 2011, 5(11):8800-8808.

[5] CHAUDHARI K, XAVIER P L, PRADEEP T. Understanding the evolution of luminescent gold quantum clusters in protein templates [J]. Acs Nano, 2011, 5 (11):8816.

[6] ZHU M, LANNI E, GARG N, et al. Kinetically Controlled, High-Yield Syn-thesis of Au_{25} Clusters [J]. J. Am. Chem. Soc., 2008, 130: 1138-1139.

[7] ZHU M, AIKENS C M, HOLLANDER F, et al. Correlating the Crystal Struc-ture of a Thiol-Protected Au_{25} Cluster and Optical Properties [J]. J. Am. Chem. Soc., 2008, 130: 5883-5885.

[8] DUAN Y, DUAN R P, LIU R, et al. Chitosan-Stabilized Self-Assembled Flu-orescent Gold Nanoclusters for Cell Imaging and Biodistribution in Vivo [J].

ACS Biomater Sci Eng. 2018, 4(3):1055-1063.

[9]HEAVEN M W, DASS A, WHITE P S, et al. Crystal Structure of the Gold Nanoparticle [N(C_8H_{17})$_4$]-[Au_{25}(SCH_2CH_2Ph)$_{18}$][J]. J. Am. Chem. Soc [J]. 2008, 130: 3754-3755.

[10]AKOLA J, WALTER M, WHETTEN R L, et al. On the structure of thiolate-protected Au_{25}[J]. J Am Chem Soc. 2008, 130(12):3756-3757.

[11] BARDAJÍ M, CALHORDA M J, COSTA P J, et al. Synthesis, structural characterization, and theoretical studies of gold(I)and gold(I)-gold(III)thio-late complexes: quenching of gold(I)thiolate lu minescence[J]. Inorg Chem. 2006, 45(3):1059-1068.

[12]GOULET P J, LENNOX R B. New insights into Brust-Schiffrin metal nanopar-ticle synthesis[J]. J Am Chem Soc. 2010, 132(28):9582-9584.

[13]ZENG C, LIU C, PEI Y, et al. Thiol ligand-induced transformation of Au_{38} (SC_2H_4Ph)$_{24}$ to Au_{36} (SPh-t-Bu)$_{24}$ [J]. ACS Nano. 2013, 7(7): 6138-6145.

[14]ZENG C J, CHEN Y X, DAS A, et al. Transformation Chemistry of Gold Nanoclusters: From One Stable Size to Another[J]. J Phys Chem Lett. 2015, 6(15):2976-2986.

[15]NAROUZ M R, TAKANO S, LUMMIS P A, et al. Robust, Highly Lu mines-cent Au_{13} Superatoms Protected by N-Heterocyclic Carbenes[J]. J Am Chem Soc. 2019, 141(38):14997-15002.

[16]XIE J, ZHENG Y, YING J Y. Protein-directed synthesis of highly fluorescent gold nanoclusters[J]. J Am Chem Soc. 2009, 131(3):888-889.

[17]WU Z, JIN R. On the ligand's role in the fluorescence of gold nanoclusters. Nano Lett[J]. 2010, 10(7):2568-2573.

[18]PYO K, THANTHIRIGE V D, KWAK K, et al. Ultrabright Lu minescence from Gold Nanoclusters: Rigidifying the Au (I)-Thiolate Shell[J]. J Am Chem Soc. 2015, 137(25):8244-8250.

[19]GOSWAMI N, LIN F X, LIU Y B, et al. Highly Luminescent Thiolated Gold Nanoclusters Impregnated in Nanogel[J]. Chemistry of Materials, 2016, 28

(11):4009-4016.

[20] SONG Y B, ABROSHAN H, CHAI J S, et al. Molecular-like Transformation from PhSe-Protected Au_{25} to Au_{23} Nanocluster and Its Application[J]. Chem. Mater. 2017, 29(7):3055-3061.

[21] KURASHIGE W, YAMAGUCHI M, NOBUSADA K, et al. Ligand-Induced Stability of Gold Nanoclusters: Thiolate versus Selenolate[J]. J Phys Chem Lett. 2012, 3(18):2649-2652.

[22] LOPEZ-ACEVEDO O, TSUNOYAMA H, TSUKUDA T, et al. Chirality and electronic structure of the thiolate-protected Au_{38} nanocluster[J]. J Am Chem Soc. 2010, 132(23):8210-8218.

[23] LI G, ABROSHAN H, LIU C, et al. Tailoring the Electronic and Catalytic Properties of Au_{25} Nanoclusters via Ligand Engineering[J]. ACS Nano. 2016, 10(8):7998-8005.

[24] LIANG H, LIU B J, TANG B, et al. Atomically Precise Metal Nanocluster-Mediated Photocatalysis[J]. ACS Catal. 2022, 12(7):4216-4226.

[25] LI Y, CHEN Y, HOUSE S D, et al. Interface Engineering of Gold Nanoclusters for CO Oxidation Catalysis. ACS Appl Mater Interfaces[J]. 2018, 10(35):29425-29434.

[26] PYO K, THANTHIRIGE V D, YOON S Y, et al. Enhanced luminescence of $Au_{22}(SG)_{18}$ nanoclusters via rational surface engineering[J]. Nanoscale, 2016, 8(48):20008.

[27] SONG Y B, CAO T T, DENG H J, et al. Kinetically controlled, high-yield, direct synthesis of $[Au_{25}(SePh)_{18}]^-TOA^+$[J]. SCIENCE CHINA Chemistry, 2014, 57(9):1218-1224.

[28] ZHU M, LANNI E, GARG N, et al. Kinetically controlled, high-yield synthesis of Au_{25} clusters. [J]. Journal of the American Chemical Society, 2008, 130(4):1138.

[29] RAMBUKWELLA M, DASS A. Synthesis of $Au_{38}(SCH_2CH_2Ph)_{24}$, $Au_{36}(SPh-tBu)_{24}$, and $Au_{30}(S-tBu)_{18}$ Nanomolecules from a Common Precursor Mixture[J]. Langmuir, 2017, 33(41):10958-10964.

[30] Qian H F. Thiolate-protected $Au_{38}(SR)_{24}$ nanocluster: size-focusing synthesis, structure determination, intrinsic chirality, and beyond[J]. Pure & Applied Chemistry, 2014, 134(1):19560-19402.

[31] Tsukuda T. Toward an Atomic-Level Understanding of Size-Specific Properties of Protected and Stabilized Gold Clusters[J]. Bulletin of the Chemical Society of Japan, 2012, 85(2):151-168.

[32] BERGERON D E, ROACH P J, JR A W C, et al. Al Cluster Superatoms as Halogens in Polyhalides and as Alkaline Earths in Iodide Salts[J]. Science, 2005, 307(5707):231-235.

[33] LIAO J H, KAHLAL S, LIU Y C, et al. Identification of an Eight-Electron Superatomic Cluster and Its Alloy in One Co-crystal Structure[J]. Journal of Cluster Science, 2018, 29(5):1-9.

[34] ZHOU S, ZHANG M, YANG F, et al. Facile synthesis of water soluble fluorescent metal (Pt, Au, Ag and Cu) quantum clusters for the selective detection of Fe^{3+} ions as both fluorescent and colorimetric probes[J]. Journal of Materials Chemistry C, 2017, 5(9):2466-2473.

[35] XUE N, WU S, LI Z, et al. Ultrasensitive and label-free detection of ATP by using gold nanorods coupled with enzyme assisted target recycling amplification-ScienceDirect[J]. Analytica Chimica Acta, 2020, 1104:117-124.